珠江流域计划用水评估与管理

李　敏　郑冬燕　陈雅芬　著

U0250785

华中科技大学出版社

中国·武汉

图书在版编目(CIP)数据

珠江流域计划用水评估与管理/李敏,郑冬燕,陈雅芬著. —武汉:华中科技大学出版社,2023.7
ISBN 978-7-5680-4655-8

Ⅰ. ①珠…　Ⅱ. ①李…　②郑…　③陈…　Ⅲ. ①珠江流域-水资源管理-资源配置-研究　Ⅳ. ①TV213.2

中国国家版本馆 CIP 数据核字(2023)第 108763 号

珠江流域计划用水评估与管理　　　　　　　　　　　　李　　敏　郑冬燕　陈雅芬　著
Zhu Jiang Liuyu Jihua Yongshui Pinggu yu Guanli

策划编辑:何臻卓　李国钦
责任编辑:陈　骏
封面设计:原色设计
责任监印:曾　婷
出版发行:华中科技大学出版社(中国·武汉)　　　　电话:(027)81321913
　　　　　武汉市东湖新技术开发区华工科技园　　　　邮编:430223
录　　排:华中科技大学惠友文印中心
印　　刷:武汉邮科印务有限公司
开　　本:787mm×1092mm　1/16
印　　张:13.5
字　　数:343 千字
版　　次:2023 年 7 月第 1 版第 1 次印刷
定　　价:88.00 元

目　　录

第三篇 2019 年度珠江流域计划用水管理监督检查报告

第四篇　2020 年度珠江流域计划用水评估与管理工作报告

第一篇

2017 年度珠江流域重点取用水户计划用水管理评估报告

前　　言

为落实最严格水资源管理制度,强化用水需求和过程管理,控制用水总量,提高用水效率,水利部于2014年11月印发了《计划用水管理办法》(水资源〔2014〕360号),正式实施计划用水管理;并于2016年1月将计划用水执行情况作为2015年度最严格水资源管理制度考核的主要内容之一。为加强流域计划用水管理,了解取用水户计划用水管理工作情况,促进各取用水户节约用水,建设节水型社会,开展珠江流域重点取用水户计划用水管理评估工作十分必要。

2016年已开展珠江流域重点取用水户计划用水管理评估工作,选取2016年取水许可证到期的取用水户共5家作为重点取用水户,分析了流域重点取用水户计划用水管理实施情况;选取广州市自来水公司—西江引水工程作为试点取用水户,开展典型取用水户取用水计划合理性分析工作。针对存在的问题提出计划用水管理的建议。

本中心于2017年1月承担了《2017年度珠江流域重点取用水户计划用水管理评估报告》编制工作,并于2017年10月完成了报告送审稿。报告选取3家2017年取水许可证到期的取用水户作为重点取用水户,分析了流域重点取用水户计划用水管理实施情况;选取龙滩水电站作为试点取用水户,开展典型取用水户取用水计划合理性分析工作。针对存在的问题提出了强化节约用水与计划用水管理意识、不断提升计量监控能力、加强取用水户计划用水监督管理力度、继续完善有关制度建设、促进计划用水管理信息化建设、加强能力建设6个方面的建议。该项成果将为贯彻落实计划用水管理制度、促进流域节约用水提供管理支撑。

1　基　本　情　况

1.1　流域概况

1.1.1　自然地理

珠江水资源一级区(以下简称珠江区)地处东经 102°06′～117°18′,北纬 3°41′～26°49′之间,包括珠江流域、韩江流域、澜沧江以东国际河流(不含澜沧江)、粤桂沿海诸河和海南省诸河,国土总面积 57.9 万 km²,涉及的行政区域有云南、贵州、广西、广东、湖南、江西、福建、海南 8 个省(自治区)及香港、澳门 2 个特别行政区。

珠江区北起南岭,与长江流域接壤,南临南海,东起福建玳瑁、博平山山脉,西至云贵高原,西南部与越南、老挝毗邻,有陆地国界线约 2700 km,海岸线长约 5670 km,沿海岛屿众多。地势西北高、东南低,西北部为云贵高原区,海拔 2500 m 左右,中东部为桂粤中低山丘陵盆地区,标高为 100～500 m,东南部为珠江三角洲平原区,高程一般为 −1～10 m。地貌以山地、丘陵为主,占总面积的 95% 以上,平原盆地较少,不到总面积的 5%,岩溶地貌发育,占总面积的 1/3。

珠江区地处热带、亚热带季风气候区,气候温和,雨量丰沛。多年平均气温在 14～22 ℃之间,最高气温 42.8 ℃,最低气温 −9.8 ℃,多年平均日照时长 1000～2300 h,多年平均相对湿度 70%～80%。年平均降水量多在 800～2500 mm 之间,年内降水主要集中在 4—9 月,约占全年降水量的 80%。珠江区多年平均地表水资源量 4723 亿 m³,多年平均地下水资源量 1163 亿 m³。珠江区多年平均水资源总量 4737 亿 m³。

1.1.2　经济社会

2016 年,珠江区总人口 1.90 亿人,其中城镇人口 1.14 亿人,占总人口的 60%,农村人口 0.76 亿人,占总人口的 40%。平均人口密度为每平方千米 329 人,高于全国平均水平,但分布极不平衡,西部欠发达地区人口密度小,低于珠江区平均人口密度;东部经济发达地区人口密度大,远高于珠江区平均人口密度。

珠江区国内生产总值(GDP)11.7 万亿元,占全国国内生产总值的 15.73%,人均 GDP 6.15 万元,为全国平均水平的 1.13 倍。区域内经济发展不平衡,下游珠江三角洲地区是全国重要的经济中心之一,人均 GDP 为全国的 2.27 倍。从地区生产总值的内部结构来看,第一、二、三产业增加值比例为 7.5∶42.5∶50.0,产业结构以第二产业为主,第三产业与第二产业的差距较小,第一产业所占的比重很低。第二产业以工业为主,工业增加值 44542.0 亿元,对 GDP 的贡献率达 38.1%,已经形成了以煤炭、电力、钢铁、有色金属、采矿、化工、食品、建材、机械、家用电器、电子、医药、玩具、纺织、服装、造船等轻重工业为基础,和军工企业相结合的工业体系。

珠江区农田有效灌溉面积 6134.3 万亩,人均农田有效灌溉面积 0.32 亩,有效灌溉率 55%,低于全国平均水平。流域粮食作物以水稻为主,其次为玉米、小麦和薯类。经济作物以甘蔗、烤烟、黄麻、蚕桑为主,特别是甘蔗生产发展迅速,糖产量约占全国的一半。

1.1.3 供用水情况

2016 年珠江区总供水量 838.0 亿 m³,其中地表水供水量 802.7 亿 m³,占总供水量的 95.8%;地下水供水量 31.4 亿 m³,占总供水量的 3.7%;其他水源供水量 3.9 亿 m³,占总供水量的 0.5%。地表水供水量中,蓄水工程供水量 360.3 亿 m³,引水工程供水量 188.4 亿 m³,提水工程供水量 244.3 亿 m³,调水工程供水量 0.5 亿 m³,人工载运水量 9.2 亿 m³。

2016 年珠江区总用水量 838.0 亿 m³,人均用水量 440 m³,万元地区生产总值(当年价)用水量 72 m³,农田实际灌溉亩均用水量 720 m³,万元工业增加值用水量 40 m³,城镇人均生活用水量(含公共用水)187 L/d,农村人均生活用水量 120 L/d,用水以农业用水为主,除东江外,各地农业用水所占比例均大于 50%。

总用水量中农业用水 491.6 亿 m³,其中农田灌溉用水 426.7 亿 m³,占总用水量的 50.9%,林牧渔畜用水 64.9 亿 m³,占总用水量的 7.8%;工业用水 179.2 亿 m³,占总用水量的 21.4%;居民生活用水 110.9 亿 m³,占总用水量的 13.2%;城镇公共用水 47.0 亿 m³,占总用水量的 5.6%;生态环境用水 9.3 亿 m³,占总用水量的 1.1%。

1980 年至 2016 年的 37 年间,国民经济各部门的用水随着国民经济发展和人民生活水平的提高发生变化,总用水量总体呈现增长态势,在 2010 年达到高峰值后近年有所减少,珠江区总用水量从 1980 年的 658.4 亿 m³ 增长到 2016 年的 838.0 亿 m³,增长了 27.3%。在用水量持续增长的同时,用水结构也在不断发生变化,工业和生活用水总体呈增长的趋势,农业用水呈逐年下降的趋势,其中生活用水占总用水的比重由 6.9% 增加到 13.2%,工业用水占总用水的比重由 3.8% 增加到 21.4%。

1.2 项目背景及意义

《中华人民共和国水法》(以下简称《水法》)第八条规定:"国家厉行节约用水,大力推行节约用水措施,发展节水型工业、农业和服务业,建立节水型社会。"节水是一项必须长期坚持的战略方针和基本国策。落实用水定额管理与计划用水管理,严格控制用水效率红线,促进流域水资源管理由供水管理向需水管理转变,切实提高流域节水水平,是建设节水型社会的重要内容。珠江委于 2014、2015 年水资源管理、节约、保护专项中开展了珠江流域用水定额合理性评估,在经常性项目中开展了计划用水管理工作;2016 年根据水利部的预算管理将水资源管理-节约-保护专项、经常性项目、中央分成水资源费项目合并成水资源管理项目——节水型社会建设项目,以用水定额合理性评估和重点取用水户计划用水管理为主要内容。

本项目包括两个方面的内容:一方面监督检查流域重点取用水户计划用水管理实施情况,另一方面分析典型取用水户取用水计划合理性。继续为贯彻落实计划用水管理制度、促进流域节约水提供管理支撑,是强化节约用水管理、推进节水型社会建设的重要措施。

《水法》第四十七条明确规定:"县级以上地方人民政府发展计划主管部门会同同级水行政主管部门,根据用水定额、经济技术条件以及水量分配方案确定的可供本行政区域使用的水量,制定年度用水计划,对本行政区域内的年度用水实行总量控制。"随着我国水资源供需矛盾问题日益突出,2012年国务院正式颁布《关于实行最严格水资源管理制度的意见》,其中第十一条明确指出"对纳入取水许可管理的单位和其他用水大户实行计划用水管理,建立用水单位重点监控名录,强化用水监控管理",计划用水管理作为用水需求和用水过程管理的重要管理手段,其地位和作用日益凸显。为进一步提高计划用水管理规范化精细化水平,2014年11月,水利部正式印发了《计划用水管理办法》,进一步明确了计划用水管理的对象、主要管理内容与管理程序等。2016年12月,水利部联合国家发展和改革委员会(以下简称发改委)等9部门印发了《"十三五"实行最严格水资源管理制度考核工作实施方案》(水资源〔2016〕463号,以下简称《实施方案》),明确用水定额、计划用水和节水管理制度是考核内容之一。

计划用水是合理开发利用水资源和提高水资源使用效益的有效途径,是落实最严格水资源管理制度的基本要求,是推进节水型社会建设的制度保障。加强流域计划用水管理,进一步了解流域取用水户计划用水管理现状及存在的主要问题,提出切实执行好用水计划管理的相关措施建议,能为完善流域取用水户计划用水管理、落实最严格水资源管理制度奠定坚实的基础。

1.3 流域计划用水管理现状

1.3.1 珠江流域用水户

按照《计划用水管理办法》规定,珠江流域内各级水行政主管部门结合流域用水管理的实际,陆续开展了本辖区内计划用水管理工作,均采取了多种形式执行计划用水管理。珠江流域涉及的云南、贵州、广西、广东、海南、湖南、江西、福建等省区各级(包括珠江水利委员会以及省市县三级)水行政主管部门共计发放取水许可证5.26万件,许可年取水量4.37万亿 m³。珠江委2017年共管理73个取水户,按照行业划分,公共供水项目9个,农灌项目1个,电力项目59个(水电30个,核电1个,火电28个),金属冶炼、纸业生产等工业项目5个。

2017年1月,各取水单位陆续报送2017年度取水计划及2016年度取水总结。珠江委根据各单位报送材料,统计近三年各个取水项目实际取水量,并核定取水单位报送的2017年度取水计划量、近三年实际平均取水量、取水许可批复水量(见表1-1-1)。对于2017年取水计划量超过前三年实际用水量平均值20%的项目,联系项目业主,核实相关情况,质询原因,并一一记录,对于给予合理理由的项目,珠江委在下达2017年取水计划时采用业主上报取水计划量,对于未给予合理理由的项目,珠江委在下达2017年取水计划时采用近三年实际平均取水量的120%,并电话告知业主相关管理规定。对于水电站、灌区等取水项目,珠江委在下达2017年取水计划时采用业主上报取水计划量;对于停产的项目,珠江委在下达2017年取水计划时,未对该类项目下达2017年取水计划,并电话告知业主相关管理规定。

表 1-1-1 珠江委 2017 年度管理取水单位列表

序号	取水项目名称	省(区)	行业	许可水量/(万 m³)	近三年实际取水量/(万 m³)			2017年计划取水量/(万 m³)	2017年申请取水量/(万 m³)
					2014 年	2015 年	2016 年		
1	佛山市第二水源工程	广东	公共供水	14600	4494.2249	5126.9617	5029.0071	6160	6160
2	羊额水厂(40万 m³/d)	广东	公共供水	12775	12070.58	12251.4	12534.4045	12775	12775
3	第一水厂	广东	公共供水	21462	—	16158.89	17079.24	21462	21462
4	西江引水工程	广东	公共供水	127750	90198	89891	91555	93000	93000
5	南洲水厂西海取水泵站	广东	公共供水	36000	—	34354	35468	36000	36000
6	南海第二水厂(100万 m³/d)	广东	公共供水	36500	24895.254	25691	25369	29492	29492
7	南海新桂城水厂	广东	公共供水	36500	12650.007	11404	11771	13870	14197
8	全禄水厂	广东	公共供水	13653	12540	13438	12887	13653	13653
9	西江干流多点取水工程	广东	公共供水	46782	31349	32865	33544	39069	39069
10	大广坝水利水电枢纽高干渠灌区	海南	灌溉用水	11833	—	11300	11300	11833	11833
11	广东阳江核电工程项目	广东	核电	101.5	371.8126	509.8199	484.7912	600	600
12	广东佛山三水恒益电厂(2×600 MW)	广东	火电	1131	1256.8488	1131.0898	1130.9191	1131	1131
13	广东佛山顺德德胜电厂(2×300 MW 热电联供机组)	广东	火电	40044.8	32635.4698	32990.1781	37225.6388	40044.8	40044.8
14	梅县荷树园电厂(2×135 MW＋4×300 MW)	广东	火电	2040.8	2181.4823	2087.9	2031.8148	2040	2040

续表

序号	取水项目名称	省(区)	行业	许可水量/(万 m³)	近三年实际取水量/(万 m³)			2017年计划取水量/(万 m³)	2017年申请取水量/(万 m³)
					2014年	2015年	2016年		
15	云浮电厂C厂(2×300 MW)	广东	火电	619.3	524.98	413.71	403.3786	581	581
16	广州恒运热电厂(8、9号2×300 MW机组)	广东	火电	41500	37583	—	43213.174	41500	41500
17	中新电厂	广东	火电	17943.2	23730.4	23120.12	25085.86	17943.2	17943.2
18	广州华润南沙热电厂(2×300 MW)	广东	火电	1423.9	810.9604	859.5075	712.9367	1000	1000
19	广州珠江天燃气发电厂(2×390 MW)	广东	火电	32115	24615.83	23831.85	24944.66	29357	30048
20	国电肇庆大旺"上大压小"热电联产(2×300 MW级)	广东	火电	1437.2	—	750.02	669.55	1090	1090
21	南海发电一厂(一、二期2×200 MW＋2×300 MW机组工程)	广东	火电	38800	24076.26	32399.75	29963.11	30628	30628
22	广东华厦阳西发电厂(2×600 MW＋2×660 MW工程)	广东	火电	524.4	420.6558	412.316	393.0015	522.1	522.1
23	湛江调顺电厂(2×600 MW)	广东	火电	61.2	—	17.0626	22.5335	61.2	61.2
24	横门电厂(3、4号2×350 MW燃气—蒸汽联合循环发电机组)	广东	火电	32714	31357.32	32704.5327	24981.7	32714	32714
25	河源电厂(2×600 MW)	广东	火电	1407.64	1029.7175	943.9733	876.0516	1064	1064

序号	取水项目名称	省(区)	行业	许可水量/(万 m³)	近三年实际取水量/(万 m³)			2017年计划取水量/(万 m³)	2017年申请取水量/(万 m³)
					2014年	2015年	2016年		
26	广西大唐合山电厂(2×330 MW+670 MW)	广西	火电	78000	59788	33378.14	29603.1621	35000	35000
27	广西来宾电厂(2×300 MW)	广西	火电	34400	34400	—	—	31345	31345
28	广西国电南宁电厂(2×660 MW)	广西	火电	72003.6	54415.8682	41819.14	43153.89	49000	49000
29	贺州电厂	广西	火电	2271	—	1667.7628	1429.134	2271	2271
30	贵港电厂(1号、2号机组2×630 MW工程)	广西	火电	72610.62	28908.8	20996.1	27119.3	45500	45500
31	盘县电厂	贵州	火电	2105.7	—	—	1581.9386	1857.342	1857.342
32	兴义电厂	贵州	火电	1761.73	—	—	1138	1504	1504
33	贵州发耳电厂(4×600 MW)	贵州	火电	3154	2299.4833	2081.1565	1680.086	2060	2060
34	盘南电厂(1号~4号机组工程)	贵州	火电	3446.2	2403.84	2902.28	1991.77	3440	3440
35	开远电厂(7号、8号机组2×300 MW工程)	云南	火电	950.4	615.22	260.6	493.25	950	950
36	云南滇东第二发电厂(雨汪电厂)	云南	火电	2059	1276.39	—	540.08	1850	1850
37	开远电厂(1号、2号机组2×300 MW工程)	云南	火电	1398	411.97	217.98	93.09	600	600
38	曲靖电厂(一、二期共4×300 MW机组工程)	云南	火电	2223	1001	730.9	528.95	902	902
39	云南滇东煤电工程(4×600 MW机组工程)	云南	火电	3208	2232.63	1509.37	1208.5304	1440	1440

续表

序号	取水项目名称	省（区）	行业	许可水量/(万 m³)	近三年实际取水量/(万 m³)			2017年计划取水量/(万 m³)	2017年申请取水量/(万 m³)
					2014年	2015年	2016年		
40	惠州抽水蓄能电站	广东	水力发电	2714.13	2239.74	2371.64	4642.32	2714.13	2714.13
41	广州抽水蓄能电站	广东	水力发电	1025.94	740.92	—	1109.01	1000.41	1000.41
42	北江飞来峡水利枢纽	广东	水力发电	1930000	1999800	1926848	2218698	1808000	1808000
43	广东省乐昌峡水利枢纽工程	广东	水力发电	396000	312537	417913	461109	344509	344509
44	红水河岩滩水电站	广西	水力发电	5228900	4781212	—	4952790	4400900	4400900
45	长洲水利枢纽	广西	水力发电	11557110	11819692.8	12768893	—	11490210	11490210
46	红水河桥巩水电站	广西	水力发电	5924000	3327927	4126295	3719926	3460205	3460205
47	红水河大化水电站	广西	水力发电	5730000	5006678	6451679	5050000	5050771	5050771
48	红水河乐滩水电站	广西	水力发电	5385000	5477530	7063421	5282116	5319000	5319000
49	新纳力水电站	广西	水力发电	105000	—	100969	102518	97303	97303
50	右江那吉航运枢纽	广西	水力发电	867000	871915	1113220.8	716000	775800	775785.6
51	右江百色水利枢纽	广西	水力发电	735000	686288.64	971701.55	633033.38	655000	655000
52	红水河龙滩水电站	广西	水力发电	4834000	4189547	5487614	4655865	4796152	4796152
53	老口水利枢纽	广西	水力发电	2771300	—	—	2359860	2731000	2731000
54	南盘江平班水电站	贵州、广西	水力发电	1783152	—	2071743	—	1783152	1952000
55	贵州北盘江董箐水电站	贵州	水力发电	1114600	1116400	1162300	832000	1144800	1144800

序号	取水项目名称	省(区)	行业	许可水量/(万 m³)	近三年实际取水量/(万 m³)			2017年计划取水量/(万 m³)	2017年申请取水量/(万 m³)
					2014年	2015年	2016年		
56	贵州北盘江光照水电站	贵州	水力发电	799000	763000	721300	550700	806800	806800
57	马马崖一级水电站	贵州	水力发电	963000	—	—	—	963000	—
58	善泥坡水电站	贵州	水力发电	311100	—	278587.33	—	311100	281680
59	云贵响水电站	贵州	水力发电	179365	—	2902.28	148956	142000	142000
60	天生桥一级水电站	贵州	水力发电	1830000	—	1889097	1473974	1588906	1588906
61	普梯二级(犀牛塘)水电站	贵州	水力发电	77200	—	67164	53973.17	77800	77800
62	普梯一级水电站	贵州	水力发电	63900	—	47096.96	43465.4	52200	52200
63	南盘江天生桥二级水电站	贵州	水力发电	1452000	—	1889097	1889097	1540000	1540000
64	大广坝水利水电枢纽	海南	水力发电	290000	369100	—	310560	297550	297550
65	大隆水库	海南	水力发电	47800	55961	—	—	47800	—
66	红岭水利枢纽	海南	水力发电	98710	—	12839	—	98710	98710
67	南沙水电站	云南	水力发电	—	—	—	—	—	—
68	马堵山电站	云南	水力发电	—	—	—	—	—	—
69	鲁布革水电站	云南	水力发电	384600	—	367408	367408	303300	303300
70	氧化铝厂与德保选矿厂	广西	铝业	3645.5	1322.21	1401.5	1421.1	1693	1693
71	广西华银铝靖西选矿厂	广西	铝业	660	641.2	493	506	660	660
72	平果铝厂	广西	铝业	3195	3169.919	2944.029	3156.044	3110	3110

续表

序号	取水项目名称	省(区)	行业	许可水量/(万 m³)	近三年实际取水量/(万 m³)			2017 年计划取水量/(万 m³)	2017 年申请取水量/(万 m³)
					2014 年	2015 年	2016 年		
73	广西金桂浆纸业有限公司林浆纸一体化工程年产 60 万吨高档纸板项目	广西	造纸	2278	2508.96	2278.03	2142.64	2278	2514
合计				52947575.56					

1.3.2　计划用水执行情况

2015 年 8 月,珠江水利委员会下发了《关于对直接发放取水许可证的用水单位计划用水管理工作的通知》(珠水政资函〔2015〕371 号),明确委托方案未制定出台之前,对直接发放取水许可证的用水单位计划用水暂按原管理模式执行。2016 年 1 月,下发了《关于下达审批发证取水项目 2016 年度取水计划的函》(珠水政资函〔2016〕46 号),对珠江水利委员会发证的取水单位下达了《2016 年度取水计划下达通知书》(取水(国珠)计〔2016〕1 号至 67 号)。珠江委管辖范围内的取用水户计划用水管理内容主要包括取水计划的核定下达、取用水过程的阶段管理和年终取水计划总结等。近年来,为熟知取用水户用水过程,弥补远程监测设备的技术缺陷,珠江委注重审查与管理并重,对纳入计划用水管理的取水户基本采用直接管理模式,不断加强与取水户的沟通协调,摸索最合适的管理模式。同时实行精细化管理,在照章办事的前提下,结合流域取用水户实际,优化设计完善了一整套取水计划申报、总结表格。包括《年度取水计划建议表》《季度取水计划建议表》《季度取水情况表》《调整年度取水计划建议表》《年度取水情况总结表》等。2016 年 11 月,水利部水资源管理中心在广州召开了珠江流域计划用水管理工作研讨会,研讨了珠江委直接发放取水许可证的用水单位计划用水的管理情况;珠江委直接发放取水许可证的用水单位计划用水存在的问题和困难;珠江委负责管辖范围内计划用水制度的监督管理情况,为珠江委的计划用水管理工作作出了指引与帮助。

2015 年 8 月,云南省水利厅下发了《关于转发水利部计划用水管理办法文件的通知》(云水资源〔2015〕28 号),对辖区内取用水户实行计划用水管理。2016 年 5 月,发布了《关于取水许可监督管理 2015 年度工作总结及 2016 年工作计划的报告》,对 2015 年度计划用水管理进行了总结。各州市水利(务)局按照分级管理权限负责本行政区域内计划用水制度的管理和监督工作,并落实了相关机构和人员,将计划用水管理列入每年常规性工作。

2016 年,为全面贯彻落实最严格水资源管理制度,切实做好取水许可监督管理工作,云南省水政监察总队委托昆明奥讯新电子科技有限公司开发了"云南省计划用水及取水许可监督管理系统软件",2016 年 10 月,该系统通过验收。云南省计划用水及取水许可监督管理系统软件主要围绕计划用水监督管理、计量设施的监督管理、节约用水监督管理、延续取水管理等取水许可监督管理的主要内容,系统分为"信息管理""监督管理""统计分析"和"系统管理"四个板块,实现对部分取用水户计划用水、取水许可监督管理等工作的电子化统一管理,包括新增、删除、修改、导入、导出、查询、打印等多种功能。该软件系统的运用不仅满足总队对取水许可监督管理等常规管理需要,还将提高取水许可监督管理工作的现代化和信息化水平。

2014 年 1 月,贵州省水利厅下达了"2014—2015 年度用水计划"(黔水资〔2014〕27 号)。2015 年 11 月,印发了"2015 年度取水许可和计划用水监督检查工作总结",对计划用水管理工作中存在的问题进行了分析,并提出了规范取水许可工作整改意见。2016 年 11 月起,贵州省水利厅对各市 2017 年取水计划进行审核,确保年度取用水计划下达工作按期有序进行。

2014 年 12 月,广西壮族自治区水利厅转发了水利部《关于印发〈计划用水管理办法〉的通知》。2015 年 1 月,下发了《关于下达 2015 年度用水总量控制计划的通知》(桂水资源〔2015〕2 号),明确了 2015 年度广西壮族自治区用水总量控制计划。广西壮族自治区各设区市按照实行最严格水资源管理制度要求和水利厅下达的 2015 年度各设区市用水总量控制计划加强节水工作,实现用水总量小于控制指标。2016 年度,广西壮族自治区进一步加强计划用水管理工作。2017 年 3 月,印发了《广西壮族自治区计划用水管理办法的通知》(桂水资源〔2017〕7 号),对计划用水要求做出了详细规定。

2014 年 12 月,广东省水利厅下发了《关于转发水利部〈计划用水管理办法〉的通知》(粤水资源函〔2014〕1265 号),对计划用水要求做出了详细规定。2016 年 2 月,省发展改革委、省水利厅、省住房和城乡建设厅联合出台了《关于全面推行和完善非居民用水超定额超计划累进加价制度的指导意见》(粤发改价格〔2015〕805 号)提出要充分认识实施非居民用水超定额、超计划累进加价制度的必要性和重要意义,全面推进非居民用水大户计划用水和超定额、超计划用水累进加价管理。

2014 年 12 月,海南省水务厅印发了《海南省计划用水管理办法》(琼水资源〔2014〕673 号)。2015 年 2 月,下达 2015 年度取水计划的通知(琼水资源〔2015〕49 号)。海口、三亚、儋州等市均按照计划用水管理要求,对市级管理的用水户开展了计划用水管理工作。2016 年 11 月,海南省水务厅下发通知,要求各有关取用水户对 2016 年度用水情况进行总结,提出 2017 年度用水计划。

2　目标与任务

2.1　工作范围

本次工作范围为珠江委管理范围,包括珠江流域、韩江流域、澜沧江以东国际河流(不含澜沧江)、粤桂沿海诸河和海南岛及南海各岛诸河等水系,总面积 65.5 万 km²。重点研究区域为云南、贵州、广西、广东与海南五省(自治区)。

2.2　工作目标

通过本项目的实施,监督检查流域重点取用水户计划用水管理实施情况,分析典型取用水户取用水计划合理性,为贯彻落实计划用水管理制度,促进流域节约用水提供管理支撑。

2.3　主要任务

1. 重点取用水户计划用水管理实施情况监督检查

在珠江委或流域有关省(区)纳入计划用水管理的取用水户中,根据取水规模与行业重要性,选取重点取用水户,通过资料收集、座谈、现场检查等方式,检查各重点取用水对象计划用水实施情况,了解重点取水对象计划用水申报、下达与执行情况,取用水原始记录情况及用水台账建立情况,了解计量设施安装、检查、维护情况等。

2. 试点取用水户年度取用水计划合理性分析

在监督检查的重点取用水户中,综合考虑取用水规模、取用水类型、管理要求等因素,选择 1 个流域典型取用水户。根据调研与收集到的典型取用水户计划用水执行情况资料,通过纵向与横向对比分析法,分析取用水户取用水趋势、用水水平变化、取水与总量控制指标的关系;采用相关关系法,分析取用水户取用水量与来水量、生产规模的关系,分析取用水户实际取水量与申请、计划取水量关系合理性等。

2.4　工作依据

2.4.1　法律法规

(1)《中华人民共和国水法》(2002 年)。
(2)《取水许可和水资源费征收管理条例》(2006 年)。
(3)《取水许可管理办法》(2008 年)。
(4)《建设项目水资源论证管理办法》(2002 年)。

（5）《水资源费征收使用管理办法》（2008年）。

（6）《计划用水管理办法》（2014年）。

（7）其他法律法规。

2.4.2 相关规划及文件

（1）《珠江流域及红河水资源综合规划》（2010年）。

（2）《珠江流域综合规划（2012—2030）》（2013年）。

（3）《中共中央 国务院关于加快水利改革发展的决定》（中发〔2011〕1号）。

（4）《国务院关于实行最严格水资源管理制度的意见》（国发〔2012〕3号）。

（5）《实行最严格水资源管理制度考核办法》（国办发〔2013〕2号）。

（6）《水利部 发展改革委关于印发〈"十三五"水资源消耗总量和强度双控行动方案〉的通知》（水资源〔2016〕379号）。

（7）水利部、国家发展改革委员会等9部委《关于印发〈"十三五"实行最严格水资源管理制度考核工作实施方案〉的通知》（水资源〔2016〕463号）。

（8）《水利部关于开展2016年度实行最严格水资源管理制度考核工作的通知》（水资源函〔2017〕24号）。

（9）其他相关文件和技术成果。

3 重点取用水户计划用水管理实施情况监督检查

在珠江委纳入计划用水管理的取用水户中,2017年取水许可证到期的取用水户共3家,分别是小龙潭电厂(7、8号机组2×300 MW)、龙滩水电站、广西南宁凤凰纸业有限公司。根据珠江委工作安排以及对到期取用水户开展取水许可核定与延续管理等要求,本次拟选取上述3家取用水户作为重点对象,开展计划用水管理实施情况监督检查。

3.1 工作思路

通过座谈、现场检查等方式,了解各重点取用水户计划用水管理制度建立情况,计划用水管理部门和管理人员情况;了解各取用水户用水计划制定方法与申请申报程序;了解各取用水户实际用水量与申请用水量之间的关系;检查各取用水户取用水计量设施安装、检查、维护和用水原始记录情况及用水台账建立情况;了解各取用水户定期开展水平衡测试情况;了解供水企业定期报告供水情况、管网漏损情况和供水管网范围内用水户的用水情况;了解各取用水户在计划用水执行中存在的问题与困难,对流域计划用水管理的意见建议等。重点取用水户计划用水管理实施情况监督检查技术路线图见图1-3-1。

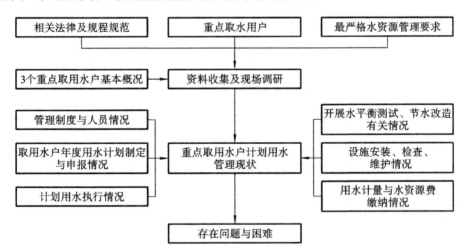

图1-3-1 重点取用水户计划用水管理实施情况监督检查技术路线图

3.2 重点取用水户基本概况

重点取用水户基本情况见表1-3-1。

表 1-3-1　重点取用水户基本情况表

取用水户	所属地区	取水水源	许可取水量	取水有效期限
小龙潭电厂 (7、8 号机组 2×300 MW)	云南开远	小龙潭煤田矿区昆河铁路小龙潭火车站北侧	950.4 万 m³	2017.3.31
龙滩水电站	广西河池	红水河干流	483.4 亿 m³	2017.3.31
广西南宁凤凰纸业有限公司	广西南宁	邕江	1500 万 m³	2017.3.31

重点取用水户分布图见图 1-3-2。

图 1-3-2　重点取用水户分布图

3.2.1　小龙潭电厂(7、8 号机组 2×300 MW)

小龙潭电厂(7、8 号机组 2×300 MW)扩建工程系火电建设工程,位于云南省红河州开远市境内小龙潭煤田矿区,距开远市城区约 42 km。小龙潭电厂(7、8 号机组 2×300 MW)扩建工程年利用小时数按 5500 h 计,年设计发电量为 33 亿 kW·h。该工程取水水源为南盘江干流小龙潭河段,取水地点为云南省红河州开远市小龙潭煤田矿区昆河铁路小龙潭火车站北侧,位于南盘江左岸,项目取水许可年最大取水量为 950.4 万 m³,最大取水流量为 0.48 m³/s(1728 m³/h)。取水许可有效期为:2012 年 4 月 1 日至 2017 年 3 月 31 日。

(1)取水计量设施安装、运行情况。

全厂已安装各级流量计量仪 13 台,其中一级表 4 台,二级表 2 台,三级表 7 台。2 台一级表安装于厂区循环水泵房进水管处,用于全厂用水总量的计量,为超声波流量计;2 台一级表用于计量进入 1#、2# 机械搅拌澄清池的水量,为电磁流量计;7 台三级表分别安装在 1# 生活消防水池出水口处、2# 生活消防水池出水口处、生活水池出水口处、工业水池出水口处、化学原水池出水口处、除盐水泵出水口处。各取水计量设施情况见表 1-3-2。

表 1-3-2　小龙潭发电厂三期扩建工程计量水表配备情况

序号	水表名称	水表型号	生产厂家	精度等级	等级
1	#1 循泵出口流量计	超声波流量计 DCT1188-W	深圳建恒	0.5 级	一级

续表

序号	水表名称	水表型号	生产厂家	精度等级	等级
2	♯2循泵出口流量计	超声波流量计 DCT1188-W	深圳建恒	0.5级	一级
3	♯3循泵出口流量计	超声波流量计 DCT1188-W	深圳建恒	0.5级	一级
4	♯4循泵出口流量计	超声波流量计 DCT1188-W	深圳建恒	0.5级	一级
5	♯1原水流量计	超声波流量计 DCT1158-W	深圳建恒	1.0级	二级
6	♯2原水流量计	超声波流量计 DCT1158-W	深圳建恒	1.0级	二级
7	♯1消防水流量计	超声波流量计 DCT1158-W	深圳建恒	1.0级	三级
8	♯2消防水流量计	超声波流量计 DCT1158-W	深圳建恒	1.0级	三级
9	生活水流量计	电磁流量计 7ME5038-2AA12-1AA0 7MQ5751-4LA11-0CB0	德国西门子	1.0级	三级
10	工业水流量计	电磁流量计 7ME5038-2AA12-1AA0 7MQ5751-4LA11-0CB0	德国西门子	1.0级	三级
11	工业水流量计	电磁流量计 7ME5038-2AA12-1AA0 7MQ5751-4LA11-0CB0	德国西门子	1.0级	三级
12	化学原水流量计	标准流量孔板 LBKHϕ325×8	重庆川仪	1.0级	三级
13	除盐水泵出口流量计	标准流量孔板 LBKHϕ325×8	重庆川仪	1.0级	三级

小龙潭发电厂(7、8号机组2×300 MW)扩建工程水表计量网络图见图1-3-3。

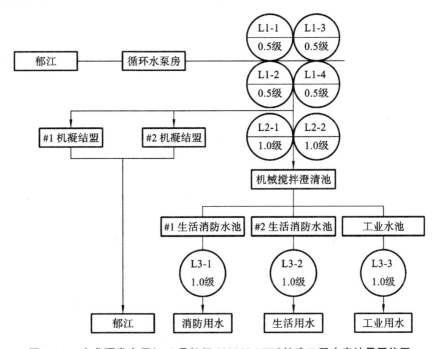

图1-3-3　小龙潭发电厂(7、8号机组2×300 MW)扩建工程水表计量网络图

根据2013年12月的水平衡测试报告,本项目水表配备率较低。其中一级水表配备率100%、计量率100%;二级水表配备率50%,三级配备率为100%。电厂按规定按周期做好

在役计量器具的检测工作和计量工作,取水计量设施检定频率为 1 年 1 次,取水计量设施全年正常运行,每天人工记录取水量数据。2016 年 1 月 21 日云南省计量测试技术研究院对流量计进行校准检测,误差均控制在±2.0%以内,精度较高。

电厂自建成投产起,按期进行取水许可申请及延续取水申请,国电开远发电有限公司建立了历年的取水台账,按期按量缴纳水资源费。

小龙潭电厂水资源费缴纳通知书见图 1-3-4。

云南省水资源费缴纳通知书

云水资源费〔 2017 〕15 号

国电开远发电有限公司 :

经核定,你单位国电开远发电有限公司 2×300MW 火力发电机组项目,2016 年 11-12 月的实际取水量详见下表,应缴纳水资源费为 2016 年 11 月￥7,463.16 元（柒仟肆佰陆拾叁圆壹角陆分）, 2016 年 12 月￥6,827.16 元（陆仟捌佰贰拾柒圆壹角陆分）。请自收到本通知书之日起 7 个工作日内,持"云南省非税收入收款收据（银行代收）"到商业银行办理缴纳手续,并将缴讫凭证返回云南省水政监察总队。逾期不缴纳或不足额缴纳水资源费的,省水利厅将依照有关法律法规的规定进行处理。

取水用途	实际取水量 地表水(立方米)	征收标准 (元／立方米)	应交金额 (元)
火力发电	11 月 497544	0.015	￥7463.16
火力发电	12 月 455144	0.015	￥6827.16

云南省水利厅（章）
2017 年 1 月 10 日

（本通知书一式两份,缴费单位、征收单位各一份。）

图 1-3-4　小龙潭电厂水资源费缴纳通知书

小龙潭电厂水资源费缴纳凭证见图 1-3-5。

（2）节水管理情况。

电厂采取了一系列措施,确保各节水措施得以有效落实,节水设施全年正常运行。

图 1-3-5　小龙潭电厂水资源费缴纳凭证

技术方面:①工业废水处理、生活污水处理、含油废水处理、含煤废水处理。工业废水处理是将化学废液、含泥废水回收,处理好的合格水用于除灰和灰场等用水;生活污水处理是将厂区内的生活污水回收,处理好的水可用于绿化用水和灰场等用水;含煤废水处理是将冲洗皮带的废水回收,处理好的水返回皮带;提高了水的重复利用率,降低了水的消耗。②将循环水排污水接入复用水池,用于除灰和灰场的治理。③对全厂范围内的水系统安装必要的计量监测仪表,为节水降耗提供有力的数据支持。④2014 年电厂实施 7、8 号机组循排水管道改造,解决工业水温度高需频繁补水,而循环水溢水的运行情况。在机组低负荷、高环境温度工况下,延长补水周期,减少新鲜水补充量,单机运行时发电水耗下降0.5 kg/kW·h,年预计节水量 82.65 万 t,改造时间为 2014 年 10 月 8 日至 2014 年 10 月 28 日。

组织管理方面:①贯彻《国电开远发电有限公司节水管理办法》《国电开远发电有限公司 2012 年节能规划》,在运行、检修、维护全过程中,按对标管理、分级实施的原则,各自做好节能管理工作。②对用水设备及系统的各项技术经济指标、设备经济性能进行全面、全员、全过程的管理和监督,并做好全面管理工作;针对设备、系统影响运行经济性的问题提出技术措施、解决方案、不断改进操作,使各项技术经济指标达到最佳水平。③积极推广、采用先进的节水技术、工艺、设备和材料,依靠技术进步,降低设备和系统的耗水量。按相关规定定期进行全厂水平衡校验工作,有的放矢,促进公司节水工作的有效开展。④有计划地做好节水知识宣传和设备系统经济性能的培训、教育,增强全体员工的节水意识和管理水平。⑤完善节能减排计量设备,完善生产和非生产用水按规定配备计量装置。⑥根据机组运行情况和实际消耗水量及江水水质情况,确定循环水浓缩倍率控制范围,并做好水处理、排污的监督和控制。

(3) 取用水量情况(见表 1-3-3)。

表 1-3-3　2012—2016 年小龙潭电厂(7、8 号机组 2×300 MW)取用水量情况

指　标	发电量 /(万 kW·h)	取水量 /(万 m³)	单位发电取水量 /(m³/(MW·h))	单位装机容量取水量 /(m³/(s·GW))
2012 年	310880.4	834.83	2.69	0.80

指　标	发电量 /(万 kW・h)	取水量 /(万 m³)	单位发电取水量 /(m³/(MW・h))	单位装机容量取水量 /(m³/(s・GW))
2013 年	225813.6	709.58	3.14	0.80
2014 年	168040.2	615.22	3.66	0.83
2015 年	55163.4	260.60	4.72	0.53
2016 年	132889.2	493.25	3.71	0.48

由于发电量逐年减少,电厂取用水总体呈逐渐减少的趋势,2012—2016 年取水量从 834.83 万 m³ 减少到 493.25 万 m³,年均下降率为 12.33%。

2012—2016 年电厂(7、8 号机组 2×300 MW)扩建工程单位产品取水量指标分别为 2.69 m³/(MW・h)、3.14 m³/(MW・h)、3.66 m³/(MW・h)、4.72 m³/(MW・h)、3.71 m³/(MW・h),除 2012 年单位发电量取水量符合《取水定额第一部分:火力发电》(GB/T18916.1—2012)电厂单位发电量取水定额指标"单机容量 300 MW 及以上,单位发电量取水量≤2.75 m³/(MW・h)"的规定外,其余 4 年均超过取水定额,这是因为电厂自 2013 年开始受电网调度的影响,机组一直未能满负荷运行,其中 2015 年负荷仅为 17%,因此在机组负荷率较低的情况下,机组用水效率也随之降低,超出了取水定额标准。

2012—2016 年电厂(7、8 号机组 2×300 MW)扩建工程单位装机容量取水量分别为 0.80 m³/(s・GW)、0.80 m³/(s・GW)、0.83 m³/(s・GW)、0.53 m³/(s・GW)、0.48 m³/(s・GW)。2012—2014 年超出了《取水定额第一部分:火力发电》(GB/T18916.1—2012)电厂单位装机容量取水定额指标"单机容量 300 MW 级,循环冷却单位装机容量取水量≤0.77 m³/(s・GW)"的规定。

但根据 2013 年工程开展的水平衡测试,单位发电量取水量 2.22 m³/(MW・h)、单位装机容量取水量 0.62 m³/(s・GW)均符合取水定额要求。

3.2.2　龙滩水电站

2017 年 5 月 9 日—5 月 11 日,珠江委对红水河岩滩水电站开展现场调研,共 3 人参与调研。

龙滩水电站位于红水河中上游的广西壮族自治区天峨县境内,下距天峨县城 15 km,是红水河梯级开发第 4 级电站。电站以发电为主,兼顾防洪、航运等综合利用要求。电站一期工程装机 4900 MW,设计发电量 156.7 亿 kW・h,自电站建成以来,最大发电量 184.06 亿 kW・h(2015 年),最小发电量 45.63 亿 kW・h(2007 年)。设计机组单机取水流量(额定流量)为 536 m³/s,七台机组总取水量为 3752 m³/s。

龙滩水电站正常蓄水位按 400 m 设计,总库容 272.7 亿 m³,有效库容 205.3 亿 m³,最大水头 179 m,水库可进行多年调节。电站装设 9 台机组,额定水头抬高为 140 m,设计额定容量为 70 万 kW,总装机容量达到 630 万 kW,设计发电量为 187.1 亿 kW・h。电站取水水源为龙滩坝址以上红水河来水,取水地点为广西壮族自治区天峨县城上游 15 km 处的龙滩水电站(见图 1-3-6~图 1-3-7),项目取水许可年均取水量为 483.4 亿 m³。取水许可有效期为:2012 年 4 月 1 日至 2017 年 3 月 31 日。

图 1-3-6　龙滩水电站

图 1-3-7　龙滩水电站地下厂房

（1）取水计量设施安装、运行情况。

由于水电站发电取水的特殊性，无法在取水设施上安装计量装置并获得准确的计量数据。因此，龙滩水电站并未安装相应的水量计量装置，其发电用水量只能通过计算发电机组通过流量间接获得，即按机组发电量推求机组平均出力，然后利用坝前、坝后两处水位测量装置测算运行水头，按照厂家提供的水轮机特性曲线制作机组出力-水头-流量关系曲线图，结合机组实际出力过程计算发电用水量。龙滩水电站每日的取水计量工作具体由水工部、水务班承担，采用"水库调度管理系统"计算取水量数据。

龙滩水电站厂区生活用水取自龙滩水电站永久生活水厂（见图 1-3-8），该水厂在水源取水口处未安装计量设施，但在水厂内安装有电磁流量计，且值班室设有监控系统，可实时监控生活水厂进水流量、水质等相关指标，并委托广西大唐电力检修有限公司进行管理、维护、检修。同时各用水对象处已安装水表，但其中部分水表已损坏，不能正常运行，正采取措施进行修理。

图 1-3-8　龙滩水电站生活水厂进水口

　　龙滩水电站生活水厂监控系统见图 1-3-9,龙滩水电站生活水厂取水电磁流量计见图 1-3-10。

图 1-3-9　龙滩水电站生活水厂监控系统

图1-3-10　龙滩水电站生活水厂取水电磁流量计

龙滩水电站生活水厂取水泵房见图1-3-11。

图1-3-11　龙滩水电站生活水厂取水泵房

龙滩水电站自建成投产起,按期进行取水许可申请及延续取水申请,大唐龙滩水电开发有限公司建立了历年的取水台账,按期按量缴纳水资源费(见图1-3-12~图1-3-13)。

(2)节水管理情况。

龙滩水电站取水主要用于水力发电,节水主要从提高电站的效益出发,根据上游来水量进行合理调度,提高水库库容利用效率,达到最大效益。龙滩水电站根据运行调度规则,结合来水量,按照机组运转特性曲线,使机组在高效区运行,2010—2016年龙滩水电站水量利用系数高达99.41%,发电用水水平已处于较高水平,节水设施全年正常运行。同时,龙滩水力发电厂发布了企业标准《节能调度管理》(见图1-3-14),规定了各个部门节能调度管理的职责、水情预报、发电计划管理、优化调度其他措施、厂内经济运行措施、检查与考核等要求,

广西壮族自治区水利厅水资源费缴纳通知书

桂水资费通〔2016〕98 号

龙滩水电开发有限公司：

根据《中华人民共和国水法》第四十八条和《取水许可和水资源费征收管理条例》(国务院令第 460 号)第二条的规定，你单位龙滩水电站在红水河取用水资源发电，应当缴纳水资源费。

经核算，该电站 2016 年 4 月~2016 年 9 月实际发电量为 90.892746 亿千瓦时，根据《广西壮族自治区物价局财政厅水利厅关于调整我区水资源费征收标准的通知》(桂价费〔2015〕66 号) 有关规定，该水电站按照水力发电取用水收费标准：0.005 元/千瓦时核算，应当缴纳水资源费共计人民币**肆仟伍佰肆拾肆万陆仟叁佰柒拾叁元整**（￥45,446,373.00 元）。你单位应当在收到本通知书之日起 7 日内缴纳水资源费。

……信理有关问题的通知》(桂财

图 1-3-12　龙滩水电开发有限公司水资源费缴纳通知书

中国大唐集团财务有限公司
存款支取凭证

2016 年 11 月 15 日　　　　交易编号：20161115010100141

付款人	全　称	龙滩水电开发有限公司	收款人	全　称	待报解预算收入	
	账　号	01-10-1001		账　号	201118000004278001	
	开户银行	中国大唐集团财务有限公司		汇入地点	广西省	汇入行	国家金库天峨县支库
人民币元（大写）		肆仟伍佰肆拾肆万陆仟叁佰柒拾叁元整				￥45,446,373.00
摘　要		0094龙滩4-9月水资源费				
以上款项已在你单位账下付讫						

客户网上银行　　　　　　　　　　　　　〔录入〕　〔复核〕　〔签认〕
中国大唐集团财务有限公司　　　　　　　〔录入〕展浩杰〔复核〕机核

图 1-3-13　龙滩水电开发有限公司水资源费缴纳凭证

为龙潭水电站的节水管理提供了支撑，节水设施全年正常运行。

龙滩水电站生活用水方面的节水措施主要体现在：①厂区生活用水采用了节水系统和节水器具；②厂区的部分绿化用水采用了回用水。

图 1-3-14 龙滩水力发电厂企业标准——节能调度管理

（3）取用水量情况（见表 1-3-4）。

表 1-3-4 2012—2016 年龙滩水电站(一期)取用水量情况

	入库水量/(亿 m³)	发电水量/(亿 m³)	发电量/(MW·h)	水量利用系数/(%)
2012 年	381	338.1	11052018	88.79
2013 年	253	262.9	7723196.1	100
2014 年	483	419.0	13853727	86.69
2015 年	551	548.8	18406472.4	99.66
2016 年	412	465.6	15437773.8	100
平均值	416.0	406.9	13294637.5	97.86

水电站取用水量总体呈逐渐增长的趋势,2012—2016 年取水量从 338.1 亿 m³ 增加到 465.6 亿 m³,年均增长率为 8.53%。

3.2.3　广西南宁凤凰纸业有限公司

广西南宁凤凰纸业有限公司位于广西壮族自治区南宁市江南区淡村境内,主要产品有 ECF 无元素氯漂白硫酸盐针叶木浆/阔叶木浆、未漂白硫酸盐木浆、漂白硫酸盐湿浆、原纸、盘纸、面巾纸、餐巾纸、卷筒纸、手帕纸、厨房纸、擦手纸等,生产能力为年产 12 万吨高强度无元素氯漂白硫酸盐商品木浆和 4.5 万吨生活用纸。项目取水水源为邕江,取水河段位于邕江右岸南宁市江南区淡村附近河段。项目取水许可年最大取水量为 1500 万 m^3,取水流量为 0.59 m^3/s。取水许可有效期为:2012 年 4 月 1 日至 2017 年 3 月 31 日。

受市场影响,广西南宁凤凰纸业有限公司已于 2013 年停产,目前项目取水仅用于厂区内职工生活用水,年取水量为 80 万 m^3。

1. 取水计量设施安装、运行情况

计量方面,全厂各主要工业用水管路及用水设备均采用流量计记取瞬时流量及累计流量,已安装各级流量计量仪 31 台,其中一级表 5 台,二级表 5 台,三级表 21 台。取水量包括总取水量、生产用水总量、消防用水总量、生活用水总量、化学水处理用水量、循环冷却水用量、蒸煮用水量、浆板用水量、抄纸用水量、蒸发冷凝器用水量、锅炉给水量、汽机冷凝水量、退水量等。全厂所产蒸汽及各设备蒸汽使用量也采用流量计进行蒸汽量计量,包括锅炉产汽量、汽机各段抽汽量、蒸煮用蒸汽量、抄纸用蒸汽量等。

根据 2013 年 12 月的水平衡测试报告,全厂一级水表配备率 100%、计量率 100%;二级水表配备率 50%。工业用水计量按照主要生产用水、辅助生产用水、附属生产用水分开计量的原则进行。

在技术楼中控室内,能直接读取全厂各主要管路及设备的流量数值,各分厂控制室控制主机能显示本部门各管道水及蒸汽的瞬时及累计流量。除蒸煮扩散洗涤循环用水和污水处理厂洗车用水仍为机械式水表外,其余水表均为数字式,数值能在控制室直接读取。

企业定期对水表进行监测,水表误差均为 ±2.5%,精度较高。厂区内各主要输水管道均是架空铺设,不易受到外界因素影响,一旦有漏点能及时发现并修复,企业历史上也从未发生过较大的管道渗漏情况。2012 年 5 月,在厂方人员的配合下,广东华南水电高新技术开发有限公司测试人员根据厂区平面图对各条管道进行了排漏检查,未发现有明显漏水情况。

广西南宁凤凰纸业有限公司水表监测情况见表 1-3-5。

表 1-3-5　广西南宁凤凰纸业有限公司水表监测情况

序号	项　　目			
	水表名称(安装位置)	水表编号	水表规格	水表误差/(%)
1	取水总表	/	DN800	±2.5
2	生产用水	61-1502	DN600	±2.5
3	消防用水	61-1506	DN400	±2.5
4	办公楼用水	61-1507	DN150	±2.5
5	分厂生活用水	61-1508	DN150	±2.5
6	化学水处理	62-4006-1	DN100	±2.5
7	循环冷却用水	67-7010	DN100	±2.5

续表

序号	项　目			
	水表名称（安装位置）	水表编号	水表规格	水表误差/(%)
8	进循环冷却温水槽	67-7009	DN100	±2.5
9	蒸煮用水	21-1044	DN100	±2.5
10	化学品用水	53-3501	DN100	±2.5
11	浆板用水	26-6025	DN100	±2.5
12	生活纸一抄	FT-107	DN100	±2.5
13	生活纸二抄	FT-201	DN100	±2.5
14	密封水	66-6001	DN100	±2.5
15	蒸发冷凝器	41-1195	DN100	±2.5
16	氧脱木素	24-4079	DN100	±2.5
17	洗原木用水	10-1080	DN100	±2.5
18	污水处理厂	63-3079	DN100	±2.5
19	储运洗车	38-8099	DN100	±2.5
20	1#动力锅炉	FQ3045-1	DN100	±2.5
21	2#动力锅炉	FQ3045-2	DN100	±2.5
22	碱回收炉	42-2002	DN100	±2.5
23	冷凝水	44FQ-4020	DN100	±2.5
24	洗浆	25-5031	DN100	±2.5
25	蒸煮循环冷却水	21FQ-1353	DN100	±2.5
26	扩散洗涤循环水	/	DN80	±2.5
27	2万吨纸回收清水	38FQ-8204	DN100	±2.5
28	1万吨纸回收清水	35FQ-5111	DN100	±2.5
29	锅炉循环冷却水	42FQ-2803	DN100	±2.5
30	1万吨生活纸处理量	35FQ-5110	DN100	±2.5
31	2万吨生活纸处理量	39FQ-9219	DN100	±2.5

广西南宁凤凰纸业有限公司自建成投产起，按期进行取水许可申请及延续取水申请，建立了历年的取水台账，按期按量缴纳水资源费。

广西南宁凤凰纸业有限公司水表计量网络图见图 1-3-15。

2. 节水管理情况

为建立和健全相关管理制度，南宁凤凰纸业有限公司从员工的培训教育到各事项的管理工作都作出了严格的要求，具体体现在以下方面。

（1）节水工作主管领导工作职责、相关文件制度及工作记录。

（2）节水主管部门和节水管理责任人的相关文件；单位节水主管部门为生产技术部，节水管理责任人为总经理。

（3）节水管理岗位责任制度和节水管理网络图；计划用水和节约用水的管理措施；把单

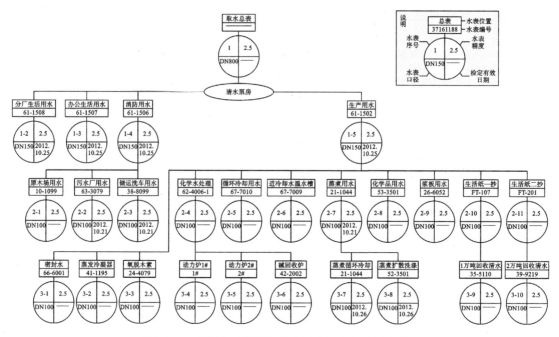

图 1-3-15　广西南宁凤凰纸业有限公司水表计量网络图

位年度用水量作为节水主管领导年度考核的重要指标,逐年考核;节水主管部门每年两次根据实际需水情况及时制定年度用水计划,报水务部门审批。

(4)内部用水实行定额管理,节奖超罚的文件及相关资料;内部各部门有实行用水定额管理制度。

(5)用水设备、管道、器具定期检修制度及相关检修记录;每月 3 次对管网进行巡查,发现异常时及时查找原因,消除隐患,减少跑冒滴漏和用水浪费现象。

(6)节水设备运行管理制度及运行记录和维修记录。

(7)工程部对企业的用水设备进行较好的保养和维护,保持用水设备良好的运行状态。

(8)内部计量电表的校验工作由热电分厂负责进行,原则上规定三年校验一次,因目前企业无专业设备,暂由生产技术部送技术质量监督局或是委托法定单位进行校验。

企业程序文件和管理制度均对用水及仪表计量做了明确要求,以便控制公司能源利用过程,实现能源的合理使用,提高能源利用效率。企业已执行的节水措施主要有:利用循环水池的水洗涤木头;抽取二沉池出口处理后的中水经过滤后替代清水用于洗网;将给水泵、引风机外排的冷却水回收送回公司冷却循环水站;白水回收系统改造,以上节水措施节水能力约为 1611 m^3/d。企业已执行的节水措施见表 1-3-6。

表 1-3-6　广西南宁凤凰纸业有限公司节水措施

序号	实现日期	节水项目内容	节水量/(m^3/d)
1	2008 年 3 月	利用循环水池的水进行循环洗涤木头	11
2	2009 年 4 月	抽取二沉池出口处理后的中水经过滤后替代清水用于洗网。	600
3	2009 年 7 月	将给水泵、引风机外排的冷却水回收送回公司冷却循环水站。	200
4	2010 年 12 月	白水回收系统改造	800

3．取用水量情况

企业取用水量情况见表1-3-7～表1-3-8。

表1-3-7　2009—2011年广西南宁凤凰纸业有限公司取用水量情况　　（单位：m³）

时　间	2009年	2010年	2011年
1月	1003970	962600	828382
2月	506222	956798	832279
3月	1102004	1054632	851661
4月	886735	931343	822945
5月	1150348	1063845	1060042
6月	856096	1023466	1103130
7月	1127843	1158384	1055443
8月	869438	1241716	1187373
9月	1095974	917438	1018455
10月	765880	693556	755241
11月	921495	1016133	871234
12月	1005776	932983	871640
合计	11291781	11952894	11257825

表1-3-8　2009—2011年广西南宁凤凰纸业有限公司取水与产值情况

指　标	2009年	2010年	2011年
定额/（万 m³）	1500	1500	1500
实际取水量/（万 m³）	1129	1195	1126
工业总产值/（万元）	48460.00	81100.50	77575.70
漂白浆年产量/t	86581	111198	109658
生活用纸年产量/t	25482	33184	25441

企业取用水量总体呈稳定的趋势，2009—2011年取水量从1129万 m³减少到1126万 m³，年均下降率为0.27%。

3.3　重点取用水户计划用水管理现状

1．计划用水管理制度与管理人员情况

重点取用水户积极贯彻落实《水法》《取水许可和水资源费征收管理条例》《取水许可管理办法》《计划用水管理办法》等有关法律法规与规章制度中关于计划用水管理的规定，以流域内各省区制定的法规制度为基础，相应制定了系列配套管理制度，进一步明确了计划用水管理的对象、主要管理内容与管理程序等。如小龙潭电厂制定了节水管理办法、节能规划，并积极做好节能宣传计划；龙滩水力发电厂发布了企业标准《节能调度管理》；南宁凤凰纸业有限公司实行用水定额管理制度、节水管理各项制度。同时，各取用水户积极配置专业管理人员,逐步提高用水精细化管理的水平。

2. 取用水户年度用水计划制定与申报情况

重点取用水户通过生产试运行、同行业比较、参考历年资料等方式,掌握各个生产环节取水量、用水量、耗水量、排水量数据,再根据第二年度生产规模合理制定第二年度取用水计划;制定年度取用水计划后,通过用水计划申请表的方式上报有关水行政主管部门,申请下一年度取用水量。申请表内容包括年计划用水总量、月计划用水量、水源类型和取水用途等。年计划用水、月计划用水严格控制在用水总量控制指标范围内,单位发电取水量小于许可单位发电取水量。

珠江委根据《取水许可和水资源费征收管理条例》《计划用水管理办法》等法律法规,并结合上一年度实际取用水量情况、供用水规模等指标,对取水计划进行核定,并下达年度取水计划通知。根据水利部办公厅《关于开展 2015 年度取水许可和计划用水监督检查的通知》(办资源〔2015〕202 号),通知取水单位报送取水项目 2017 年度取水计划时,明确要求"2017 年度取水计划应根据项目近三年实际取用水量合理填报,取水计划超过前三年实际用水量平均值 20% 的,应在建议表中'补充说明'一栏合理说明理由"。为及时处理取水户在年底自行申报超计划取水的问题,珠江委制定了《季度取水情况表》与《调整年度取水计划建议表》,建立动态跟踪和便民的监督管理模式,要求取水户在每年的 10 月 31 日前发送《季度取水情况表》电子报表,报告第一至第三季度的实际生产、取水量和第四季度的生产和取水计划量,其中河道外用水的取水户应预测计划取水实施量,不足的应及时报送《调整年度取水计划建议表》。

3. 取用水户开展水平衡测试、节水改造有关情况

重点取用水户在生产过程中,注重加强取用水管理与计划用水管理,通过自行购买安装设备或者由水行政主管部门统一安装设备,定期开展水平衡测试等工作,掌握生产过程中取水量、用水量、耗水量、排水量情况,并通过分析比较,不断改进生产工艺,投入资金加强节水改造,提高用水效率。

4. 计划用水执行情况

重点取用水户能够执行水行政主管部门下达的用水计划,在取水许可证允许的取水总量范围内取用水,记录用水情况并建立用水台账,按时上报月度、季度、年度取用水报表和管网漏损情况等,各取用水户实际用水量基本小于申请、计划用水量,且控制在许可取水量范围内。

5. 用水计量设施安装、检查、维护与水资源费缴纳情况

重点取用水户大部分都建立了完善的计量统计体系,取用水户自身安装有计量设施,并及时检查、检测、维修、更换计量设施,保证计量设施正常运行,实现取用水的有效计量,水资源费征收也较顺利。同时,取用水户对于安装的节水设施、废污水处理设施、外排水量水设施等能够给予及时的检查与维护,各取用水户根据实际情况,平均 1 年至少检查维护 1 次,由取用水户委托相关检测单位或水行政主管部门进行检定,保证各设施能够正常运行。

3.4 存在的问题与困难

1. 取水计量系统存在较多漏洞

(1)取水计量设施不完善。目前龙滩水电站并未安装计量设施,其发电用水量只能通过计算发电机组过流量间接获得,数据的误差无法控制;厂区生活用水已经安装了计量设施,但计量设施配备率不高,且部分计量设施已损坏,无法准确掌握各用水单元用水量情况,此外已安装的计量设施自使用以来未定期进行校准,亦未对厂区生活用水进行过水平衡测试。部分取用水户二级、三级计量装置配备不全,未达到《用水单位水计量器具配备和管理通则》中的水计量器具配备要求。且部分二级、三级计量装置从未进行过校准,部分装置计量数据不准,或存在故障。流量计量报表不完善,不利于及时发现用水设施异常情况,易产生水资源的浪费现象。

（2）用水计量监控设施建设有待加强。取用水户虽然大部分安装了计量设施,但计量不准确、计量不及时的情况时有发生,大部分取用水户未全面开展实时监控设施建设,计量较为粗放,管理水平不高。水行政主管部门获取水量信息较为滞后,也缺乏手段复核上报数据的真实性。

2. 年度用水计划的核定下达缺乏支撑

由于监控设施不足,取用水户分布广泛,各地区的用水水平不一等各种原因,现状取用水户年度用水计划的核定缺乏一套完整的核定方案。每年年底,要求取水户上报本年度取水总结和下一年度取水计划,这个过程中工作比较集中,协调工作也较多。由于很多业主并不重视此项工作,且相关人员也不断更换,导致上报的过程有时候比较长,需要反复催促,水行政主管部门处于被动状态。绝大多数取用水户可以在1月上报,但也有少部分用户迟迟不报,还有一部分因为涉密,上报和回函都有些困难。

大多数取用水户以上报数据为依据,在不超过原审批取水量的前提下直接下达现行年度用水计划。取水计划的核定,主要是对取水计划有没有超许可量,与往年比有没有明显的调整进行复核。由于大部分取用水户的计划用水量都报的比较大,很难进行核减,因此给取水计划的下达工作带来了一定的困难。

3. 计划用水监督指导力度不够

由于流域取用水户较多,水行政主管部门计划用水管理相关工作的人力、物力、财力有限,且缺乏完善的监督管理机制和有效的计量监控手段,水行政主管部门对取用水户的过程监督、管理、指导力度还有待提高,制约了计划用水管理工作水平的进一步提升。

4. 计划用水执行机制仍需完善

能源项目一般通过电力调度,计划用水与实际情况存在不符的现象,目前缺乏具体可靠的制度对灵活性较大的取用水户实行管理。小龙潭电厂（7、8号机组 $2×300$ MW）实际取水量与计划取水量和许可取水量相差较大,但计划取水量控制在许可取水量范围内。龙滩水电站属于典型跨界水域,水库日常管理由广西、贵州两省（区）多个职能部门进行,现行管理模式是各省区分区而治,水库没有专门管理机构,未能实现统一管理,对水电站的取水管理也带来一定困难。

4 试点取用水户年度取用水计划合理性分析

4.1 试点选取理由

珠江委开展计划用水管理工作以来,对公共供水项目和水电项目较为关注,曾多次组织调研座谈和监督检查,总结了水电项目计划用水管理过程中的经验与不足。本次拟选取水电项目(红水河龙滩水电站)作为试点,通过其规范化的管理,指导流域其他类型项目计划用水管理工作,主要选取理由如下。

根据珠江委取水许可管理统计,龙滩水电站近三年平均取水总量 4777657 万 m^3,2017年核定下达计划量 4796152 万 m^3,取水规模较大。龙滩水电站是国家西部大开发的十大标志性工程和"西电东送"战略项目之一,是红水河梯级开发的骨干工程,也是我国已建成投产发电的第二大水电工程,是仅次于长江三峡的特大型水电工程。坝址以上流域面积 98500 km^2,占红水河流域面积的 71%,其装机容量占红水河可开发容量的 35%~40%。

龙滩水电站地理位置见图 1-4-1。

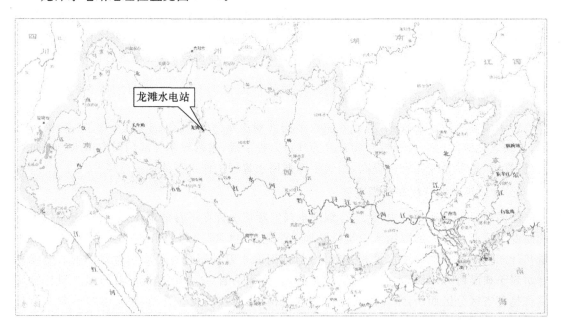

图 1-4-1 龙滩水电站地理位置

据统计,截至 2016 年底,珠江委纳入计划用水管理并下发取水计划的用水单位共有 73个,其中水力发电项目 29 个,占比 40%,是除火力发电外占比最大的行业类型;在 29 个水力发电项目中,广西共 9 个,其中龙滩水电站 2016 年实际取水量占这 9 个项目实际取水总量的 16.95%,高于平均水平,对促进、优化红水河干流梯级开发、减轻下游珠江三角洲的洪水灾害,促进贵州、广西两省(区)贫困地区社会经济发展、加速当地脱贫致富等方面具有十分重要的意义。

4.2　试点工作开展步骤

1. 开展试点取用水户计划用水执行情况调研

在珠江委纳入计划用水管理的取用水户中,综合考虑取用水规模、取用水类型、管理要求等因素,选取龙滩水电站作为试点取用水户,通过资料收集、调研座谈、现场查看等方式,调查试点取用水户近5年实际取用水量、用水效率、用水水平、实际用水量与申请用水量之间关系等情况。

2. 试点取用水户年度取用水计划合理性分析

根据调研与收集到的试点取用水户计划用水执行情况与历年实际取用水量资料,通过纵向与横向对比分析法,分析取用水户取用水趋势、用水水平变化、取水与总量控制指标的关系;采用相关关系法,分析取用水户取用水量与来水量、供水规模的关系,分析用水特点、用水水平发展趋势等。

4.3　试点取用水户基本概况

4.3.1　龙滩水电站基本情况

龙滩水电站位于红水河中上游的广西壮族自治区天峨县境内,下距天峨县城15 km,是红水河梯级开发第4级电站,在其上游干流上分别还建设有天生桥一级(2000年12月建成投产)、天生桥二级(1999年5月建成投产)、平班(2005年8月建成投产)3座水电站,下游为岩滩水电站(1992年9月建成投产)、大化水电站(1985年8月建成投产)。龙滩水电站距离上游平班电站约238.9 km,距离下游岩滩水电站约166 km,水库库区涉及广西壮族自治区的天峨、南丹、乐业、田林、隆林5个县及贵州省的罗甸、望谟、册享、贞丰和镇宁5个县,70个乡,201个村,其中广西的天峨县、贵州的罗甸县和望谟县是水库库区淹没的重点县。

工程规划装机总容量630万 kW,库容237亿 m³,年均发电量187亿 kW·h。龙滩水电工程建成后,极大提高了红水河珠江流域的防洪标准,在珠江流域"压咸补淡"中发挥了不可替代的作用,保证了珠江三角洲及香港、澳门地区的供水安全,创造了巨大的社会效益。一期工程装机490万 kW,2001年7月开工,2008年12月竣工。

龙滩水电工程主要由大坝、地下发电厂房和通航建筑物三大部分组成。它的建设创造了三项世界之最:最高的碾压混凝土大坝(大坝高216.5 m,坝顶长836.5 m,坝体混凝土方量736万 m³);规模最大的地下厂房(长388.5 m,宽28.5 m,高74.4 m);提升高度最高的升船机(全长1650 m,最大提升高度179 m;分两级提升,其高度分别为88.5 m和90.5 m)。

项目取水许可年均取水量为483.4亿 m³。取水许可有效期为:2012年4月1日—2017年3月31日。

4.3.2　计划用水管理情况

龙滩水电站每年在年度径流预测的基础上,综合考虑电网运行、水库水位控制、梯级水电厂运行、综合利用等情况制定年度发电及水库运用计划。根据计划发电量制定取水计划，工业生产年度计划向行业主管单位申报，严格按照上级主管部门下达的取水许可计划用水量进行生产运营，以安全优化调度、合理调配取水量为前提满足发电需求。

针对每年的申请取水量，龙滩水电站在计划建议中都会对工业生产(含火电、水电)计划年产量；工业生产年度计划是否已向行业主管单位申报，是否已经批准下达；电力生产对发电机组的维修计划；水库空库冲沙计划等作出详细说明，为申请取水量提供依据。

关于取水计量设施安装运行情况已在报告书3.2.2节说明，此处不再重复。

4.3.3　生活水厂管理情况

根据调研，龙滩水电站生活区设置在天峨县县城，生活区用水由市政供水提供。而龙滩水电站厂区用水(包括生活用水及厂区绿化用水)由龙滩水电站永久生活水厂提供，该水厂取水地点为红水河龙滩水电站大坝 325 m 高程，取水水源为红水河干流，水厂厂房位于龙滩水电站大坝下游 1 km 处红水河畔左岸 1♯公路旁，由原施工期左岸水厂于 2008 年改造而成，由压力钢管、PE 管两路管线引至水厂，经净化、消毒杀菌后，向用户提供环保、达标的饮用水。2011 年，龙滩水电开发有限公司向天峨县水行政部门申请水厂取水量为 15 万 m³/a，并获得批准。2016 年，龙滩水电开发有限公司再次提出申请，申请水厂取水量为 30 万 m³/a，目前仍在审批当中。根据现场调研资料，龙滩水电站永久生活水厂供水用户约 700 人，包括厂区管理人员及附近武警营地驻扎人员，此外，该水厂还需向厂内约 29 万 m³ 的绿地提供绿化用水。根据水电站提供的资料，水厂近 5 年年均取水量约为 28.06 万 m³(该取水量不包括用水到户之前的管道渗漏损失量)。2012—2016 年龙滩水电站生活用水情况见表 1-4-1。

表 1-4-1　2012—2016 年龙滩水电站生活用水情况

时　　间	指标
	水厂年取水量/(万 m³)
2012 年	28.76
2013 年	27.86
2014 年	27.34
2015 年	27.87
2016 年	28.46
平均	28.06

根据 2015 年《广西水资源公报》，龙滩水电站所在地区河池市的城镇居民人均生活用水量为 198 L/(人·d)，而广西壮族自治区城镇居民人均生活用水量为 189 L/(人·d)，根据《广西壮族自治区主要行业取(用)水定额(试行)》，广西壮族自治区城镇居民生活用水定额为 150~220 L/(人·d)。若按 220 L/(人·d)计，龙滩电站厂区生活用水约 5.62 万 m³/a，则余下 22.44 万 m³ 用于绿化用水，电站厂区绿地面积约为 29 万 m²，则绿化用水指标为 2.12 L/(m²·d)，小于《广西壮族自治区主要行业取(用)水定额(试行)》中公共服务业绿化用水定额 2 m³/(m²·年)，亦符合《城市给水工程规划规范》(GB50282—98)中绿地用水指标

$1.0\sim3.0$ L/($m^2\cdot d$)的要求。因此,从整体上看,龙滩水电站厂区生活用水及绿化用水均可满足相关的规范要求。

为方便龙滩水电站厂区用水的规范化管理,水厂制定了一系列规范与制度,包括:抽水安全操作流程,供水安全管理制度,供水卫生管理制度,危险化学品(盐酸)管理实施细则,职业危害事故现场应急救援措施,水源污染、投毒事故应急处理预案等。

4.4　试点取用水户计划用水管理分析评估

1. 取用水趋势分析

龙滩水电站建设符合珠江流域综合规划中的水力发电规划,其建于水资源较为丰富地区,工程通过建坝蓄水发电,基本不消耗水量,且水力发电属于国家鼓励开发的清洁能源水电项目,列入国家发改委新修订的《产业结构调整指导目录(2013年修订本)》,符合国家的产业政策。

近年来,龙滩水电站正常运行,发电量基本稳定,2012—2016年,变化趋势不固定,取水量与来水量关系密切,水电站取用水总体呈逐渐增长的趋势,2012—2016年取水量从338.1亿 m^3 增加到465.6亿 m^3,年均增长率为8.53%。水电站年最大日取水量在各年之间变化不大,与年取用水量变化一致(见表1-4-2)。

表1-4-2　2012—2016年龙滩水电站取水量统计　　　　　　　　（单位:万 m^3）

时　　间	2012 年	2013 年	2014 年	2015 年	2016 年
1 月	75322	300543	211678	452697	357803
2 月	95141	185056	171715	277989	313866
3 月	104086	283130	157830	495564	512868
4 月	70188	415505	322133	562738	536807
5 月	212881	314680	363335	446346	627380
6 月	442108	234425	323164	444915	547686
7 月	501818	149289	515109	465717	553720
8 月	557823	152001	654564	327386	402162
9 月	389882	136535	495125	739109	189914
10 月	355100	130870	496929	629491	176939
11 月	272511	166697	293525	361498	176920
12 月	303804	159951	184441	284164	259800
总计	3380662	2628680	4189547	5487614	4655865
年最大日取水量	33178	16186	30940	30367	24134

2012—2016 年龙滩水电站年取用水量变化图见图 1-4-2。

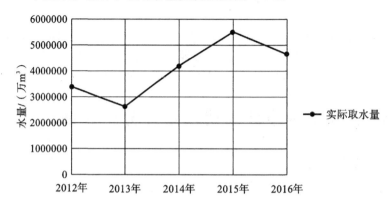

图 1-4-2　2012—2016 年龙滩水电站年取用水量变化图

2. 用水水平变化分析

龙滩水电站坝址处多年平均径流量为 508 亿 m^3,龙滩水电站一期装机容量 7×700 MW (4900 MW)单机额定引用流量 536 m^3/s,多年平均可发电量 156.7 亿 kW·h,年均取水量约 483.4 亿 m^3,相应的水量利用系数约为 95.2%。

根据 2012—2016 年龙滩水电站发电运行资料,龙滩水电站近 5 年发电量均值 132.95 亿 kW·h,发电量与取水量变化一致,发电取水量均值 406.9 亿 m^3,低于多年平均值,主要由于近 5 年的来水量偏少,为 416.0 亿 m^3,较多年平均来水量减少约 18.11%。但龙滩水电站(一期)近 5 年的水量利用系数分别为 88.79%、100%、87%、100%、100%(见表 1-4-3),逐渐趋于稳定,除 2012 年、2014 年外均约等于 100%,其中 2012 年、2014 年比平均水量利用系数低 6.73%、8.93%,差异较小。且近 5 年的水量利用系数均值为 98%,处于较高水平,因此,可以认为近 5 年龙滩水电站发电取水量是合理的。

表 1-4-3　2012—2016 年龙滩水电站(一期)取用水量情况

时　　间	指标			
	入库水量/(亿 m^3)	发电水量/(亿 m^3)	发电量/(MW·h)	水量利用系数/(%)
2012 年	381	338.1	11052018	88.79
2013 年	253	262.9	7723196.1	100
2014 年	483	419.0	13853727	86.69
2015 年	551	548.8	18406472.4	99.66
2016 年	412	465.6	15437773.8	100
平均值	416.0	406.9	13294637.5	97.86

水量利用系数是衡量水力发电站用水管理水平的主要指标,但水电站水量利用系数受来水量影响较大,丰水年发电量多但水量利用系数较低,枯水年发电量小但水量利用系数较大,因此一般采用多年平均的水量利用系数评价水电站的用水水平。龙滩水电站目前具有

年调节性能,具有一定的"蓄丰补枯"能力,对水资源的利用能力要高于一般的径流式电站。龙滩水电站多年平均水量利用系数为 95.2%,而同样位于红水河的径流式电站乐滩水电站多年平均水量利用系数为 91.35%,近 5 年,龙滩水电站的平均水量利用系数达 97.86%,电站实际用水水平已处于较高水平,此外,当龙滩水电站按规划将正常蓄水位提高至 400 m后,其调节性能将提高至多年调节,对水资源的利用能力将进一步提高。

3. 取水与总量控制指标关系合理性分析

根据《广西壮族自治区人民政府办公厅关于印发广西壮族自治区实行最严格水资源管理制度考核办法的通知》(桂政办发〔2013〕100 号),广西全区 2015 年用水总量控制指标为 304 亿 m³,万元工业增加值用水量比 2010 年下降 33%,农田灌溉水有效利用系数 0.45,水功能区水质达标率 86%;其中河池市 2015 年用水总量控制指标为 19.03 亿 m³,万元工业增加值用水量比 2010 年下降 35%,农田灌溉水有效利用系数 0.45,水功能区水质达标率 86%。

根据《2015 年广西水资源公报》,2015 年广西全区用水总量为 285.2 亿 m³,万元工业增加值用水量 61.5 m³/万元(按 2010 年不变价计),比 2010 年下降 57%,农田灌溉水有效利用系数为 0.465,水功能区水质达标率 99.4%;河池市 2015 年用水总量为 15.42 亿 m³,万元工业增加值用水量 46.7 m³/万元(按 2010 年不变价计),比 2010 年下降 59%,农田灌溉水有效利用系数为 0.462,水功能区水质达标率 100%。由上述分析数据可知,广西全区及河池市的用水总量、用水效率及水功能区水质达标率均达到 2015 年相应控制要求。

根据 2012—2016 年龙滩水电站取水总量趋势分析,取水总量略有增长并趋于稳定,预测龙滩水电站 2020 年和 2030 年取水总量不会有较大变化,取水量较为合理。且龙滩水电站发电用水属于河道内用水,亦未产生耗水,因此对河池市的用水总量、万元工业增加值用水量等指标并未产生影响。

4. 取用水量与来水量、供水规模的关系分析

龙滩水电站上游 238.9 km 的平班水电站为径流式电站,对河道的水文情势变化影响不大,且平班水电站自 2005 年投产以来稳定运行,下泄水量未发生重大变化。

龙滩水电站自建站后,其坝址以上未新建大型取水事项,亦未新建大型水利枢纽,故坝址以上来水量没有发生大的变化。龙滩水电站库区涉及广西壮族自治区河池市 2 个县(天峨、南丹)和百色市的 3 个县(乐业、田林、隆林),及贵州省黔南州的罗甸县、黔西南州的望谟县、册享县、贞丰县和安顺市的镇宁县,上述 10 个县社会经济发展水平较低,社会用水量没有大的变化。根据 2011—2015 年《广西水资源公报》《贵州省水资源公报》,河池市、百色市、黔南州、黔西南州、安顺市近 5 年用水总量情况见表 1-4-4。河池市及百色市近 5 年用水总量基本保持稳定,年均用水总量分别为 16.05 亿 m³、20.59 亿 m³。黔西南州近 5 五年用水量呈逐年下降趋势,年均用水总量为 7.10 亿 m³。黔南州和安顺市近五 5 年用水总量波动较大,年均用水总量分别为 10.95 亿 m³、7.24 亿 m³。龙滩水电站库区涉及的 5 个市(州)近5 年用水量都没有很明显的增长或削减,且涉及的 10 个县又是各市经济发展水平较低的地区,因此,可认为这 10 个县用水情况基本保持稳定,龙滩库区内水资源开发利用没有发生大的变化。

表 1-4-4 河池市、百色市、黔南州、黔西南州、安顺市近 5 年用水总量情况 （单位：亿 m³）

时　　间	市（州）				
	河池市	百色市	黔南州	黔西南州	安顺市
2011 年	17.23	21.46	11.35	7.89	7.14
2012 年	15.69	19.97	11.28	6.96	5.99
2013 年	15.98	20.11	9.68	7.07	7.84
2014 年	15.95	20.86	10.07	6.96	7.1
2015 年	15.42	20.53	11.11	6.6	8.15
平均	16.05	20.59	10.95	7.10	7.24

龙滩水电站在每年的取水总结表中，也对入库水量即来水量进行了推算，根据取水总结表，水库入库水量由下式推算。

$$W_入 = W_发 + W_弃 + W_损 + W_试 \pm \Delta V$$

式中：$W_入$——计算时段内入库水量。

$W_发$——计算时段内发电耗水量。可根据不同的负荷，不同的水头查负荷流量曲线而得到机组引用流量，再将流量换算成水量。

$W_弃$——计算时段内水库弃水量。可查泄流曲线而得。

$W_试$——计算时段内机组空载试验用的水量。用水轮机的开度推算。

$W_损$——包括蒸发损失和渗漏损失。蒸发损失每月按 3 m³/s 考虑，渗漏损失忽略不计。

ΔV——计算时段内的库容变化量。

根据表 1-4-5 可知，近 5 年来的来水量与取水量基本相等，且来水量稍大于取水量，两者关系合理，当入库水量不足时，利用水库原有蓄水，利用的水量较少，对水库正常运行无影响。

表 1-4-5 2012—2016 年龙滩水电站取水量与来水量对比 （单位：万 m³）

时　　间	指标			
	来水量	取水量	差额①	差额所占比例/（%）
2012 年	3807289	3380662	426627	11.21
2013 年	2527159	2628680	−101521	−4.02
2014 年	4832327	4189547	642780	13.30
2015 年	5506096	5487614	18482	0.34
2016 年	4113400	4655865	−542465	−13.19

注① 差额为来水量减去取水量的数值。

2012—2016 年龙滩水电站年取水量与来水量关系图见图 1-4-3。

5. 实际取水量与申请、计划取水量关系合理性分析

龙滩水电站每年根据发电需求提出取水计划，通过年度取水计划建议表对下一年度的

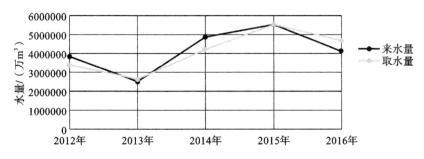

图 1-4-3　2012—2016 年龙滩水电站年取水量与来水量关系图

取水量提出申请,珠江委根据《取水许可和水资源费征收管理条例》《计划用水管理办法》等法律法规,并结合上一年度实际取用水量情况、供用水规模等指标,对取水计划进行核定,并下达年度取水计划通知。2012 年、2013 年、2014 年、2015 年、2017 年计划取水量均等于申请取水量。

龙滩水电站申请与实际年取用水量变化见图 1-4-4。

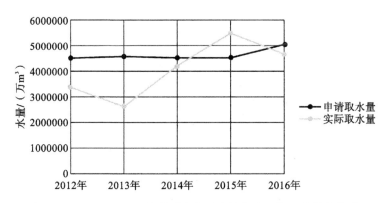

图 1-4-4　2012—2016 年龙滩水电站申请与实际取用水量变化图

申请取水量与实际取水量对比见表 1-4-6。

2012—2016 年申请取水量与实际取水量均存在一定差值,且两者的差值逐渐减小,趋于等值。其中 2015 年实际取水量超出计划取水量 95.00 亿 m³,且超出许可取水量 65.36 亿 m³,主要原因是 2015 年来水量偏多,相应的发电量也增多。2016 年申请取水量大于许可取水量 483.4 亿 m³,龙滩水电站在计划建议中作出解释:2013—2015 年实际用水量平均值为 410.19 亿 m³,其中 2013 年为特枯年份(来水偏枯 50%),而 2015 年来水偏多 10%,年际变化较大。根据气象部门初步预测 2016 年来水稍偏多,考虑 2016 年初水库基本蓄满(库水位 374.19 m),因此取水计划按平水年份考虑,取水水量为 503.69 亿 m³。珠江委 2016 年度取水计划下达通知书中,对申请取水量进行了核减,2016 年龙滩水电站计划取水量等于许可取水量,实际取水量小于计划取水量,珠江委下达的计划取水量合理。2017 年申请取水量为 472.96 亿 m³,2014—2016 年实际用水量平均值为 477.77 亿 m³,故 2017 年申请取水量小于近 3 年平均取用水量。

综上所述,计划(申请)取水量的制定较为合理。

表 1-4-6　龙滩水电站申请取水量与实际取水量对比

（单位：万 m³）

年份	2012			2013			2014			2015			2016			2017
月份	申请量	实际量	差额①	申请量	实际量	差额	申请量	实际量	差额	申请量	实际量	差额	申请量	实际量	差额	申请量
1	85709	75322	10387	265462	300543	-35081	235013	211678	23335	493390	452697	40693	343547	357803	-14256	284038
2	95213	95141	72	220349	185056	35293	126193	171715	-45522	313699	277989	35710	320146	313866	6280	207361
3	107136	104086	3050	321670	283130	38540	237927	157830	80097	497596	495564	2032	576425	512868	63557	346341
4	106272	70188	36084	353107	415505	-62398	225951	322133	-96182	470615	562738	-92123	537153	536807	346	397121
5	214272	212881	1391	384246	314680	69566	429503	363335	66168	544288	446346	97942	542772	627380	-84608	464940
6	596160	442108	154052	480749	234425	246324	506152	323164	182988	388076	444915	-56839	544244	547686	-3442	482746
7	629424	501818	127606	521197	149289	371908	588631	515109	73522	414610	465717	-51107	563725	553720	10005	542352
8	642816	557823	84993	538538	152001	386537	582824	654564	-71740	411949	327386	84563	585656	402162	183494	549028
9	583200	389882	193318	348539	136535	212004	419584	495125	-75541	299705	739109	-439404	341138	189914	151224	349124
10	535680	355100	180580	385754	130870	254884	394004	496929	-102925	272735	629491	-356756	260764	176939	83825	320973
11	453600	272511	181089	368756	166697	202059	381126	293525	87601	212525	361498	-148973	214696	176920	37776	411344
12	455328	303804	151524	370573	159951	210622	392737	184441	208296	218344	284164	-65820	206635	259800	-53165	440784
总计	4504810	3380664	1124146	4558940	2628682	1930258	4519645	4189548	330097	4537532	90198	4447334	5036901	4655865	381036	4796152

①注：差额为申请量减去实际量的数值。

5　结论及建议

5.1　结论

通过调研总结,重点取用水户和试点取用水户在计划用水管理方面都取得了一定的效果,对流域节用水管理存在一定的指导作用,对取用水户的资源节约有一定的促进作用,带来了可观效益。

1. 重点取用水户计划用水管理

重点取用水户均制定了系列配套管理制度,并积极配置专业管理人员,逐步提高用水精细化管理水平;通过生产试运行、同行业比较、参考历年资料等方式合理制定取用水计划;定期开展水平衡测试等工作,加强节水改造,提高用水效率;认真执行水行政主管部门下达的用水计划,严格在取水许可证允许的取水总量范围内取用水;记录用水情况并建立用水台账,按时上报月度、季度、年度取用水报表;按要求安装计量设施,并及时检查、维护,能够较好地实现取用水的有效计量、水资源费缴纳等。

在取得成效的基础上,重点取用水户的取水计量系统存在一些问题,年度用水计划的核定下达缺乏理论支撑,计划用水监督指导力度不足,计划用水执行机制仍需完善。

2. 试点取用水户计划用水管理

近年来,龙滩水电站正常运行,发电量基本稳定。2012—2016年,变化趋势不固定,取水量与来水量关系密切。近5年的水量利用系数均值为98%,处于较高水平。因此,可以认为近5年龙滩水电站发电取水量是合理的。广西全区及河池市的用水总量、用水效率及水功能区水质达标率均达到2015年相应控制要求,且龙滩水电站发电用水属于河道内用水,亦未产生耗水,因此对河池市的用水总量、万元工业增加值用水量等指标并未产生影响;近5年来的来水量与取水量基本相等,两者关系合理;龙滩水电站每年根据发电需求提出取水计划,通过年度取水计划建议表对下一年度的取水量提出申请,计划(申请)取水量的制定较为合理。

5.2　建议

1. 强化节约用水与计划用水管理意识

珠江流域水资源形势严峻,局部地区水资源短缺、水环境污染、水生态恶化等问题突出,在珠江流域节水是减少排污的重要手段。计划用水是节约用水的重要组成,计划用水管理是节约用水工作的重要抓手。为此,各纳入计划用水管理的取用水户要充分认识到计划用水的重要性,自觉强化计划用水管理意识,争做计划用水的带头人与先锋模范,严格执行计划用水管理制度,完善节水法规体系,合理确定用水定额指标,自觉不断提升用水水平,提高水资源重复利用率,节约淡水资源。严格执行水费累进加价制度、节水激励机制。加强监督检查,严格管理,对超计划、超定额用水的,按有关规定加价收费,以经济手段促使各计划用水单位科学、合理用水,达到节约用水的目的,形成科学合理的供水节水机制。

各取用水户要按照国家标准《节水型企业评价导则》相关要求,严格明确企业开展水平衡测试工作的频率,并将测试结果及时上报水行政主管部门。

对于水电项目,应做好以下两点。

(1)加强水库进出水量记录,分析水库水量损失状况,防范和减少水库水量的损失,尽量减少弃水。

(2)结合来水预测,合理制定机组检修计划,在保证机组运行安全的同时,最大程度提高水量利用系数。

对于重点取用水户的生活区,需要做好节水管理工作。

(1)要采用国家提倡的标准节水型器具,如节水型直角水龙头、节水型弹簧冲水按键;对流量超标的水龙头进行改造,建议加装滤嘴,解决部分水龙头有关闭不严的漏水现象,加强对卫生洁具的定期巡查维护。

(2)处理达标的污水,可通过优化管网配置,用于生活区冲洗或绿化。

(3)加强对用水设施的管理力度,经常巡视维护,确保不发生"跑、冒、滴、漏"的耗水现象。

(4)加强用水计量、登记和管理,进一步建立更规范、详细的用水管理台账制度,及时了解用水节水情况,发现问题及时处理,定期对计量设施进行校准,并对生活用水开展水量平衡测试,以便采取相应措施节约生活用水量。

(5)加强节约用水的宣传工作,特别是在公共用水场所张贴醒目的节水标语,增强节水意识。

2. 不断提升计量监控能力

水量计量和统计是用水管理的基础,也是节约用水、计划用水管理的重要手段措施,要加强水量的统计和管理工作,为用水定额编制、用水计划的制定和实施提供基础支撑。计划用水管理的取用水户占整个计划用水管理的大部分。根据调查情况,实现用水计量实时监控的取用水户仍然较少,各有关水行政主管部门要在督促各取用水户安装、完善取水计量系统的基础上,进一步结合全国水资源监控能力建设等工作,不断加大经费投入,推进取用水户加强取用水计量监控设施建设,完善取水、用水计量监测手段,提高水资源管理信息化水平,改进和提高计划用水的检测方法和评价水平,全面提高计划用水的监控、预警和管理能力,不断提高计量监控率。

对于取用水户,可按照以下几点完善计量系统。

(1)加装完善相应的计量装置,满足《用水单位水计量器具配备和管理通则》中的水计量器具配备要求,对重要用水系统加装计量设施;定期对计量设施进行准确性和可靠性的鉴定,定期维护计量设施,如有损坏,应及时修复。

(2)及时修复有损坏的计量装置,对二级、三级计量装置定期进行校准。

(3)按技术档案要求对电厂取水计量数据进行管理维护,对各计量装置定期进行抄读,做好月度、季度水平衡分析及统计报表工作,以便及时发现并解决用水异常,建议取用水户进一步加强取用水计量设施数据的管理,增加检查维护的频次。

3. 加强取用水户计划用水监督管理力度

取用水户的计划用水管理是整个计划用水管理的核心内容,能推动取用水户计划用水管理制度的有效落实。取水许可管理部门应加强对重点取用水户取水计划的精细化管理，制定完整的计划用水核定配套方案。基于"统筹兼顾、综合平衡，总量控制，适当压缩"的原则，按照行业用水定额，依据近3年各单位实际用水量，科学合理的核定来年的取水指标，对各用水单位及用水户下达用水计划。对于年际计划取水量变化较大的，要求取用水户提供计划取水量逐年变化的主要原因，补充分析论证申请报告，分析评估各取用水户"计划取水量"的合理性；对于实际取水量远小于许可取水量的取用水户，应要求在取水延续评估工作中进一步核算取水许可量，避免申请取水量与实际取水量差异太大，增强"计划取水量"的合理性。

部分取用水户未能及时上报取用水计划，给水行政主管部门的计划核定下达工作造成了较大的困难。建议制定相关措施，对于不能按照要求申请下一年度取用水量的取用水户，进行通报批评。

同时，对计划用水考核指标实施的督查也尤为重要。督查既包括了对取水（用水）户的用水情况、设施运行、制度执行的巡查，又包括对水务部门执法监督机构行政执法人员执法活动的监督。

4. 继续完善有关制度建设

完善各项制度建设是加强计划用水管理的重要基础，也是以往各省区计划用水管理的一条成功经验。在用水计量、水平衡测试等工作开展上还需进一步制定可操作性较强的具有约束力的法规制度，在用水过程监督管理上还缺乏明确清晰的监督检查管理计划等，需不断完善有关配套制度。同时，也需针对各种可能出现的特殊情况提出可行的保障措施和可参照的相关制度条款，完善水量考核制度，合理制定取水考核方案，确保对取用水户管理具有指导作用，进一步促进计划用水的精细化管理。

5. 促进计划用水管理信息化建设

信息化建设是促进计划用水管理的有效手段，能促进计划用水管理更加精细化、规范化。加大科研开发力度，运用现代信息手段加强计划用水管理，实现计划用水管理的网络化、信息化、智能化。取用水户用水计划的编制、下达、调整、考核，超计划用水加价收费的自动产生，对取用水户基本信息和水量信息的综合管理，以及信息的发布、查询、统计及打印功能均通过信息系统进行管理，实现数据采集的自动化，信息处理的智能化，信息管理的精准化，管理流程的规范化，资源共享的最大化，有效提升计划用水的管理水平。

6. 加强能力建设

各取用水户要不断壮大计划用水管理队伍。计划用水管理涉及的量大面广，对人员素质要求较高，要加强技术培训和专业人才的培养。计划用水涉及水平衡测试等技术较强的业务知识，应通过举办培训班，选派管理人员参加专业培训，以提高管理人员的业务水平和管理能力。

此外，要积极组织计划用水管理人员深入学习相关法律法规，以学习促进制度的落实；注重业务技能培养，成立学习小组，开展专门培训，向其他单位学习，提高财务人员的业务能力和水平；抓好职业道德教育，加强政治理论学习，提升计划用水管理人员的自律意识和责任心。

第二篇

2018 年度珠江流域重点取用水户计划用水管理评估报告

前　言

　　为落实最严格水资源管理制度,强化用水需求和过程管理,控制用水总量,提高用水效率,水利部于 2014 年 11 月印发了《计划用水管理办法》(水资源〔2014〕360 号),正式实施计划用水管理;并于 2016 年 1 月、2017 年 2 月将计划用水执行情况作为 2015 年、2016 年度最严格水资源管理制度考核的主要内容之一,同时 2016 年 12 月 9 部门印发的《"十三五"实行最严格水资源管理制度考核工作实施方案》也提及了计划用水管理。为加强流域计划用水管理,了解取用水户计划用水管理工作情况,促进各取用水户节约用水,建设节水型社会,持续开展珠江流域重点取用水户计划用水管理评估工作十分必要。

　　本评估选取 2018 年取水许可证到期的取用水户共 3 家作为重点取用水户,分析了流域重点取用水户计划用水管理实施情况;选取南海第二水厂作为试点取用水户,开展典型取用水户取用水计划合理性分析工作。针对存在的问题提出了增强节约用水和计划用水管理意识、完善计量监控体系、加强计划水监督管理力度、继续完善计划用水机制、加强计划用水管理信息化建设、提升管理人员素质 6 个方面的建议。该项成果将为贯彻落实计划用水管理制度,促进流域节约用水进一步提供管理支撑。

1　基　本　情　况

1.1　流域概况

1.1.1　自然地理

珠江水资源一级区(以下简称珠江区)地处东经 102°06′～117°18′,北纬 3°41′～26°49′之间,包括珠江流域、韩江流域、澜沧江以东国际河流(不含澜沧江)、粤桂沿海诸河和海南省诸河,国土总面积 57.9 万 km²,涉及的行政区域有云南、贵州、广西、广东、湖南、江西、福建、海南 8 个省(自治区)及香港、澳门 2 个特别行政区。

珠江区北起南岭,与长江流域接壤,南临南海,东起福建玳瑁、博平山山脉,西至云贵高原,西南部与越南、老挝毗邻,陆地国界线约 2700 km,海岸线约 5670 km,沿海岛屿众多。地势西北高、东南低,西北部为云贵高原区,海拔 2500 m 左右,中东部为桂粤中低山丘陵盆地区,标高为 100～500 m,东南部为珠江三角洲平原区,高程一般为 -1～10 m。地貌以山地、丘陵为主,约占总面积的 95％以上,平原盆地较少,不到总面积的 5％,岩溶地貌发育,约占总面积的 1/3。

珠江区地处热带、亚热带季风气候区,气候温和,雨量丰沛。多年平均气温在 14～22 ℃ 之间,最高气温 42.8 ℃,最低气温 -9.8 ℃,多年平均日照时长 1000～2300 h,多年平均相对湿度 70％～80％。年平均降水量多在 800～2500 mm 之间,年内降水主要集中在 4—9 月,约占全年降水量的 80％。珠江区多年平均地表水资源量 4723 亿 m³,多年平均地下水资源量 1163 亿 m³(地下水资源与地表水资源不重复量 14 亿 m³)。珠江区多年平均水资源总量 4737 亿 m³。

1.1.2　经济社会

2017 年,珠江区总人口 2.00 亿人,其中城镇人口 1.21 亿人,占总人口的 60％,农村人口 0.79 亿人,占总人口的 40％。平均人口密度为每平方千米 305 人,高于全国平均水平,但分布极不平衡,西部欠发达地区人口密度小,低于珠江区平均人口密度;东部经济发达地区人口密度大,远高于珠江区平均人口密度。

珠江区国内生产总值(GDP)13.2 万亿元,占全国内生产总值的 15.95％,人均 GDP 6.61 万元,为全国平均水平的 1.11 倍。区域内经济发展不平衡,下游珠江三角洲地区是全国重要的经济中心之一,人均 GDP 为全国的 2.22 倍。从地区生产总值的内部结构来看,第一、二、三产业增加值比例为 7.1∶42.6∶50.3,产业结构以第二产业为主,第三产业与第二产业的差距较小,第一产业所占的比重很低。第二产业以工业为主,工业增加值 49900.3 亿元,对 GDP 的贡献率达 37.8％,已经形成了以煤炭、电力、钢铁、有色金属、采矿、化工、食品、建材、机械、家用电器、电子、医药、玩具、纺织、服装、造船等轻重工业为基础,和军工企业相结合的工业体系。

珠江区农田有效灌溉面积 6702 万亩,人均农田有效灌溉面积 0.34 亩,有效灌溉率 59%,低于全国平均水平。流域粮食作物以水稻为主,其次为玉米、小麦和薯类。经济作物以甘蔗、烤烟、黄麻、蚕桑为主,特别是甘蔗生产发展迅速,糖产量约占全国的一半。

1.1.3 供用水情况

2017 年珠江区总供水量 861.0 亿 m³,其中地表水供水量 825.0 亿 m³,占总供水量的 95.8%;地下水供水量 30.2 亿 m³,占总供水量的 3.5%;其他水源供水量 5.8 亿 m³,占总供水量的 0.7%。地表水供水量中,蓄水工程供水量 376 亿 m³,引水工程供水量 198.6 亿 m³,提水工程供水量 244.9 亿 m³,调水工程供水量 0.5 亿 m³,人工载运水量 5.5 亿 m³。

2017 年珠江区总用水量 861.0 亿 m³,人均用水量 431 m³,万元地区生产总值(当年价)用水量 65 m³,农田实际灌溉亩均用水量 699 m³,万元工业增加值用水量 35 m³,城镇人均生活用水量(不含城镇公共用水)182 L/d,农村人均生活用水量 117 L/d,用水以农业用水为主,除珠江三角洲外,各地农业用水所占比例均大于 50%。

总用水量中农业用水 510.7 亿 m³,其中农田灌溉用水 444.6 亿 m³,占总用水量的 87.1%,林牧渔畜用水 66.2 亿 m³,占总用水量的 12.9%;工业用水 176.4 亿 m³,占总用水量的 20.5%;居民生活用水 114.1 亿 m³,占总用水量的 13.3%;城镇公共用水 49.6 亿 m³,占总用水量的 5.8%;生态环境用水 10.2 亿 m³,占总用水量的 1.2%。

1980 年至 2017 年的 38 年间,国民经济各部门的用水随着国民经济发展和人民生活水平的提高发生变化,总用水量总体呈现增长态势,在 2010 年达到高峰值后近年有所减少,珠江区总用水量从 1980 年的 658.4 亿 m³ 增长到 2017 年的 861.0 亿 m³,增长了 30.8%。在用水量持续增长的同时,用水结构也在不断发生变化,工业和生活用水总体呈增长的趋势,农业用水呈逐年下降的趋势,其中生活用水占总用水的比重由 6.9% 增加到 13.3%,工业用水占总用水的比重由 3.8% 增加到 20.5%。

1.2 项目背景及意义

《水法》第八条规定:"国家厉行节约用水,大力推行节约用水措施,发展节水型工业、农业和服务业,建立节水型社会。"节水是一项必须长期坚持的战略方针和基本国策。落实用水定额管理与计划用水管理,严格控制用水效率红线,促进流域水资源管理由供水管理向需水管理转变,切实提高流域节水水平,是建设节水型社会的重要内容。珠江委于 2014、2015年水资源管理、节约、保护专项中开展了珠江流域用水定额合理性评估,在经常性项目中开展了计划用水管理工作;2016、2017 年根据水利部的预算管理将水资源管理-节约-保护专项、经常性项目、中央分成水资源费项目合并成水资源管理项目(节水型社会建设项目),以用水定额合理性评估和重点取用水户计划用水管理为主要内容。

本项目包括两个方面的内容:监督检查流域重点取用水户计划用水管理实施情况;分析典型取用水户取用水计划合理性。继续为贯彻落实计划用水管理制度,促进流域节约用水提供管理支撑,是强化节约用水管理、推进节水型社会建设的重要措施。

《水法》《取水许可和水资源费征收管理条例》等法律法规,明确我国实行用水计划管理。《水法》第四十七条明确规定:"县级以上地方人民政府发展计划主管部门会同同级水行政主管部门,根据用水定额、经济技术条件以及水量分配方案确定的可供本行政区域使用的水量,制定年度用水计划,对本行政区域内的年度用水实行总量控制。"随着我国水资源供需矛盾问题日益突出,2012 年国务院正式颁布了《关于实行最严格水资源管理制度的意见》,其中第十一条明确指出"对纳入取水许可管理的单位和其他用水大户实行计划用水管理,建立用水单位重点监控名录,强化用水监控管理",计划用水管理作为用水需求和用水过程管理的重要手段,其地位和作用日益凸显。2013 年水利部 1 号文件《水利部关于加快推进水生态文明建设工作的意见》(水资源〔2013〕1 号)中关于落实最严格水资源管理制度方面提出"加快制定区域、行业和用水产品的用水效率指标体系,加强用水定额和计划用水管理"。为进一步提高计划用水管理规范化精细化水平,2014 年 11 月,水利部正式印发了《计划用水管理办法》,进一步明确了计划用水管理的对象、主要管理内容与管理程序等。2016 年 1 月水利部印发的《2015 年度实行最严格水资源管理制度考核工作方案的函》(水资源函〔2016〕50号)将计划用水执行情况作为 2015 年度最严格水资源管理制度考核的主要内容之一。2016年 12 月,水利部联合国家发改委等 9 部门印发了《"十三五"实行最严格水资源管理制度考核工作实施方案》(水资源〔2016〕463 号,以下简称《实施方案》),明确用水定额、计划用水和节水管理制度是考核内容之一。2017 年 2 月水利部印发的《水利部关于开展 2016 年度实行最严格水资源管理制度考核工作的通知》(水资源函〔2017〕24 号)依旧将计划用水执行情况作为 2016 年度最严格水资源管理制度考核的主要内容之一。

2017 年 10 月的十九大报告中指出,建设生态文明是中华民族永续发展的千年大计。必须树立和践行绿水青山就是金山银山的理念,坚持节约资源和保护环境的基本国策,像对待生命一样对待生态环境,统筹山水林田湖草系统治理,实行最严格的生态环境保护制度。需要推进资源全面节约和循环利用,实施国家节水行动,降低能耗、物耗,实现生产系统和生活系统循环链接,从而实现绿色发展。

计划用水是合理开发利用水资源和提高水资源使用效益的有效途径,是落实最严格水资源管理制度的基本要求,是推进节水型社会建设的制度保障。只有实现计划用水,才能全面推进水资源节约,提高水资源的利用效率和效益,加强水源地保护和用水总量管理,建设节水型社会,实现水资源的循环利用。加强流域计划用水管理,进一步了解流域取用水户计划用水管理现状及存在的主要问题,提出切实执行好用水计划管理的相关措施建议,能为完善流域取用水户计划用水管理、落实最严格水资源管理制度奠定坚实的基础,促进珠江流域绿色发展。

1.3　流域计划用水管理现状

1.3.1　珠江流域用水户

按照《计划用水管理办法》规定,珠江流域内各级水行政主管部门结合流域用水管理的实际,陆续开展了本辖区内计划用水管理工作,均采取了多种形式执行计划用水管理。珠江流域涉及的云南、贵州、广西、广东、海南、湖南、江西、福建等省区各级(包括珠江水利委员会以及省市县三级)水行政主管部门共计发放取水许可证约 5.26 万件,许可年取水量约 4.37 万亿 m³。

2017 年 11 月 15 日珠江委向云南、贵州、广西、广东、海南省(自治区)水利(水务)厅下发了《珠江委关于委托开展直接发放取水许可证项目计划用水管理工作的函》(珠水政资函〔2017〕587 号),按照水利部《计划用水管理办法》(水资源〔2014〕360 号)和《水利部办公厅关于对 2016 年度水资源管理专项监督检查发现问题进行整改的通知》(办资源函〔2017〕266 号)要求,珠江委结合流域取水许可管理实际和水资源管理需求,经研究,对直接发证的引调水工程、水利水电工程、省际边界河流建设项目计划用水管理工作仍由珠江委直接管理;其余项目的计划用水相关管理工作,自发文之日起委托给相应省级水行政主管部门承担,委托项目清单详见表 2-1-1。

表 2-1-1　珠江委直接发放取水许可证项目计划用水管理委托清单

序号	取水许可证编号	所在省(区)	取水权人名称	取水用途	审批取水量/(万 m³)
1	取水国珠字〔2017〕第 00010 号	云南	云南华电巡检司发电有限公司	火力发电	1041.5
2	取水国珠字〔2017〕第 00003 号	云南	国电开远发电有限公司	火力发电	950.4
3	取水国珠字〔2014〕第 00016 号	云南	云南滇东雨汪能源有限公司	火力发电	2059
4	取水国珠字〔2013〕第 00012 号	云南	华能云南滇东能源有限责任公司	火力发电	3208
5	取水国珠字〔2013〕第 00011 号	云南	云南大唐国际红河发电有限责任公司	火力发电	1398
6	取水国珠字〔2013〕第 00008 号	云南	国投曲靖发电有限公司	火力发电	2223
7	取水国珠字〔2017〕第 00001 号	贵州	贵州粤黔电力有限责任公司	火力发电	3446.2
8	取水国珠字〔2016〕第 00003 号	贵州	贵州黔桂发电有限责任公司(盘县电厂)	火力发电	2105.7
9	取水国珠字〔2016〕第 00002 号	贵州	贵州兴义电力发展有限公司(兴义电厂新建工程)	火力发电	1761.73
10	取水国珠字〔2013〕第 00015 号	贵州	大唐贵州发耳发电有限公司	火力发电	3154
11	取水国珠字〔2017〕第 00009 号	广西	中电广西防城港电力有限公司	火力发电	200
12	取水国珠字〔2017〕第 00008 号	广西	广西金桂浆纸业有限公司	化工行业用水	2514
13	取水国珠字〔2017〕第 00006 号	广西	中国华电集团贵港发电有限公司	火力发电	72611
14	取水国珠字〔2015〕第 00002 号	广西	华润电力(贺州)有限公司	火力发电	2271
15	取水国珠字〔2014〕第 00027 号	广西	大唐桂冠合山发电有限公司	火力发电	78000
16	取水国珠字〔2014〕第 00013 号	广西	国电南宁发电有限责任公司	火力发电	72003.6
17	取水国珠字〔2014〕第 00008 号	广西	中国铝业股份有限公司广西分公司	化工行业用水	3195

续表

序号	取水许可证编号	所在省（区）	取水权人名称	取水用途	审批取水量/（万 m³）
18	取水国珠字〔2014〕第00003号	广西	广西方元电力股份有限公司	火力发电	34400
19	取水国珠字〔2013〕第00020号	广西	靖西华银铝业有限公司	化工行业用水	660
20	取水国珠字〔2013〕第00016号	广西	广西华银铝业有限公司	化工行业用水	3645.5
21	取水国珠字〔2017〕第00011号	广东	阳江核电有限公司	火力发电	203
22	取水国珠字〔2017〕第00005号	广东	广东省韶关粤江发电有限责任公司	火力发电	1366
23	取水国珠字〔2017〕第00004号	广东	清远蓄能发电有限公司	水力发电	229.7
24	取水国珠字〔2016〕第00006号	广东	湛江中粤能源有限公司	其他用水	61.2
25	取水国珠字〔2016〕第00005号	广东	中山嘉明电力有限公司	火力发电	32714
26	取水国珠字〔2015〕第00012号	广东	瀚蓝环境股份有限公司	生活用水	13870
27	取水国珠字〔2015〕第00011号	广东	广州市自来水公司	生活用水	36000
28	取水国珠字〔2015〕第00010号	广东	南海发电一厂有限公司	火力发电	30628
29	取水国珠字〔2015〕第00008号	广东	阳江核电有限公司	火力发电	101.5
30	取水国珠字〔2015〕第00006号	广东	国电肇庆热电有限公司	火力发电	1437
31	取水国珠字〔2015〕第00005号	广东	广东蓄能发电有限公司	水力发电	1025.94
32	取水国珠字〔2015〕第00003号	广东	广州市番禺水务股份有限公司	生活用水	21462
33	取水国珠字〔2014〕第00029号	广东	阳西海滨电力发展有限公司	火力发电	524.4
34	取水国珠字〔2014〕第00018号	广东	广州中电荔新电力实业有限公司	火力发电	17943.2
35	取水国珠字〔2014〕第00017号	广东	珠海水务集团有限公司	生活用水	46782
36	取水国珠字〔2014〕第00014号	广东	广州恒运热电厂有限责任公司	火力发电	41500
37	取水国珠字〔2014〕第00007号	广东	广州华润热电有限公司	火力发电	1423.9
38	取水国珠字〔2014〕第00006号	广东	中山市供水有限公司	生活用水	13653
39	取水国珠字〔2014〕第00005号	广东	惠州蓄能发电有限公司	水力发电	2714.13
40	取水国珠字〔2014〕第00004号	广东	广州市自来水公司	生活用水	127750
41	取水国珠字〔2014〕第00001号	广东	广东宝丽华电力有限公司	火力发电	2040.8
42	取水国珠字〔2013〕第00017号	广东	佛山恒益发电有限公司	火力发电	1131
43	取水国珠字〔2013〕第00019号	广东	佛山市西江供水有限公司	生活用水	14600
44	取水国珠字〔2013〕第00018号	广东	深能合和电力（河源）有限公司	火力发电	1407.64
45	取水国珠字〔2013〕第00010号	广东	瀚蓝环境股份有限公司	生活用水	36500
46	取水国珠字〔2013〕第00007号	广东	广州珠江天然气发电有限公司	火力发电	32115
47	取水国珠字〔2013〕第00006号	广东	广东粤电云河发电有限公司	火力发电	619

序号	取水许可证编号	所在省（区）	取水权人名称	取水用途	审批取水量/（万 m³）
48	取水国珠字[2013]第 00004 号	广东	佛山市顺德区供水有限公司	生活用水	12775
49	取水国珠字[2013]第 00003 号	广东	佛山市顺德五沙热电有限公司	火力发电	40045
50	取水国珠字[2015]第 00004 号	海南	东方市大广坝高干渠工程管理所	农业用水	11833

珠江委新审批的取水项目,需要委托计划用水相关管理事项的,将在批准发放取水许可证时予以明确。珠江委 2018 年共管理 28 个取水户(含国际河流),全部为水力发电项目(见表 2-1-2)。

表 2-1-2　珠江委 2018 年度管理取水单位列表

序号	取水项目名称	所在省（区）	许可水量/（万 m³）	近三年实际取水量/（万 m³）			2018 年申请取水量/（万 m³）	2018 年计划取水量/（万 m³）
				2015 年	2016 年	2017 年		
1	鲁布革水电站	云南	384600	367408	367408	324057	305139	305139
2	南沙水电站	云南	—	—	—	—	—	—
3	马堵山电站	云南	—	—	—	—	—	—
4	董箐电站	贵州	1114600	1162300	832000	987072	1144800	1144800
5	光照水电站	贵州	799000	721300	550700	688000	806800	806800
6	马马崖一级水电站	贵州	963000	—	—	856375	963000	963000
7	善泥坡水电站	贵州	311100	278587.33	—	—	—	311100
8	响水电厂	贵州	179365	2902.28	148956	157866	179365	179365
9	天生桥一级水电站	贵州	1830000	1889097	1473974	1910083	1528950	1528950
10	普梯二级	贵州	77200	67164	53973.17	69707.73	79200	79200
11	普梯一级	贵州	63900	47096.96	43465.4	52413.47	52160	52160
12	南盘江天生桥二级水电站	贵州	1452000	1889097	1889097	1823364	1535600	1535600
13	平班水电站	贵州、广西	1783152	2071743	—	1823306	1923600	1923600
14	红水河岩滩水电站	广西	5228900	6190219	4952790	4851943	4743300	4743300
15	长洲水利枢纽工程	广西	11557110	12768893	—	10324310	11791560	11791560
16	红水河桥巩水电站	广西	5924000	4126295	3719926	3794091	3502370	3502370
17	红水河大化水电站	广西	5730000	6451679	5050000	4878336	5823100	5823100
18	红水河乐滩水电站	广西	5385000	7063421	5282116	7898900	5371300	5371300

续表

序号	取水项目名称	所在省（区）	许可水量/（万 m³）	近三年实际取水量/（万 m³）			2018年申请取水量/（万 m³）	2018年计划取水量/（万 m³）
				2015年	2016年	2017年		
19	广西南丹县新纳力水电站	广西	105000	100969	102518	92584	98676	98676
20	广西右江那吉航运枢纽	广西	867000	1113220.8	716000	833840	848500	848500
21	百色水利枢纽	广西	735000	971701.55	633033.38	766500	832000	832000
22	红水河龙滩水电站	广西	4834000	5487614	4655865	5170922	5112468	5112468
23	老口水利枢纽	广西	2771300	—	2359860	2745760	3330806	3330806
24	北江飞来峡水利枢纽	广东	1930000	1926848	2218698	1734310	2057300	2057300
25	广东省乐昌峡水利枢纽工程	广东	396000	417913	461109	324740	344509	344509
26	大广坝水利水电枢纽	海南	290000		310560			290000
27	万泉河红岭水利枢纽	海南	98710	12839	—	—	—	98710
28	大隆水利枢纽工程	海南	47800	—		39182.83	47337	47337

2017年12月，各取水单位陆续报送2018年度取水计划及2017年度取水总结。珠江委对取水计划建议进行了认真复核，核定了2018年取水计划量。核定的主要原则是：①对申请水量未超取水许可多年平均值的，按申请水量下达计划；②对申请水量超取水许可多年平均值的，考虑到近几年流域内主要河流来水量相对偏丰，而取水许可量为多年平均值，拟按照申请水量下达计划。

1.3.2　计划用水执行情况

1. 珠江水利委员会执行情况

2015年8月，珠江水利委员会下发了《关于对直接发放取水许可证的用水单位计划用水管理工作的通知》（珠水政资函〔2015〕371号），明确委托方案未制定出台之前，对直接发放取水许可证的用水单位计划用水暂按原管理模式执行。2016年1月，下发了《关于下达审批发证取水项目2016年度取水计划的函》（珠水政资函〔2016〕046号），对珠江水利委员会发证的取水单位下达了《2016年度取水计划下达通知书》（不含红河）（取水（国珠）计〔2016〕1号至67号）。2017年1月，下发了《珠江委关于下达审批发证取水项目2017年度取水计划的函》（〔2017〕030号），对珠江水利委员会发证的取水单位下达了《2017年度取水计划下达通知书》（不含红河）（取水（国珠）计〔2017〕1号至71号）。2018年2月，下发了《珠江委关于下达审批发证取水项目2018年度取水计划的函》（〔2018〕036号），对珠江水利委员会发证的取水单位下达了《2018年度取水计划下达通知书》（不含红河）（取水（国珠）计〔2018〕3号至28号）。

珠江委管辖范围内的取用水户计划用水管理内容主要包括取水计划的核定下达、取用水过程的阶段管理和年终取水计划总结等。近年来,为熟知取用水户用水过程,弥补远程监测设备的技术缺陷,珠江委注重审查与管理并重,对纳入计划用水管理的取水户基本采用直接管理模式,不断加强与取水户的沟通协调,摸索最合适的管理模式。同时实行精细化管理,在照章办事的前提下,结合流域取用水户实际,优化设计完善了一整套取水计划申报、总结表格。包括《年度取水计划建议表》《季度取水计划建议表》《季度取水情况表》《调整年度取水计划建议表》《年度取水情况总结表》等。2016 年 11 月,水利部水资源管理中心在广州召开了珠江流域计划用水管理工作研讨会,研讨了珠江委直接发放取水许可证的用水单位计划用水的管理情况;珠江委直接发放取水许可证的用水单位计划用水存在的问题和困难;珠江委负责管辖范围内计划用水制度的监督管理情况,为珠江委的计划用水管理工作作出了指引与帮助。

2017 年 7 月 11 日,水利部水资源管理中心在北京组织召开了计划用水管理工作座谈会。会议重点讨论并布置了流域机构直管取水户委托省级水行政主管部门管理的情况及要求。水资源司在前期调研工作基础上,提出的委托原则基本与各流域机构提出的要求是一致的,同意将流域机构批复的引调水工程、水利水电工程、省际边界河流建设项目计划用水管理工作由流域机构直接管理,其余应予以委托到省级水行政主管部门。根据本次会议要求,制定了珠江委审批发放取水许可证计划用水委托的方案如下:①珠江流域水电站项目直接进行管理,主要是考虑当前和今后调度、落实水量分配等工作需要。②省际边界河流建设项目,直接进行管理。③引调水工程,直接进行管理。④其余河道外建设项目计划用水管理工作全部委托省级水行政主管部门进行。

根据座谈会主要内容,委托要求主要包括:各省自治区要定期(季度)向珠江委报送项目取水总结、年底报年度取水总结,水资源费征收情况尤其是超计划征收水资源费情况,要求每年 1 月 31 日前下达取水计划等。2017 年 11 月珠江委下达的《珠江委关于委托开展直接发放取水许可证项目计划用水管理工作的函》(珠水政资函〔2017〕587 号)中要求相应省级水行政主管部门需按照有关规定,切实做好相应委托项目的计划用水相关管理工作,并于每年 3 月底前将委托项目用水计划管理情况和本年度用水计划核定备案情况报送珠江委。2018 年 2 月,相关省(区)下达水利部珠江水利委员会委托计划用水管理取水单位 2018 年用水计划的通知并报送珠江委。

2. 各省区执行情况

(1)云南省。

2015 年 8 月,云南省水利厅下发了《关于转发水利部计划用水管理办法文件的通知》(云水资源〔2015〕28 号),对辖区内取用水户实行计划用水管理。2016 年 5 月,发布了《关于取水许可监督管理 2015 年度工作总结及 2016 年工作计划的报告》,对 2015 年度计划用水管理进行了总结。各州市水利(务)局按照分级管理权限负责本行政区域内计划用水制度的管理和监督工作,并落实了相关机构和人员,将计划用水管理列入每年常规性工作。

2016 年,为全面贯彻落实最严格水资源管理制度,切实做好取水许可监督管理工作,云南省水政监察总队委托昆明奥讯新电子科技有限公司开发了"云南省计划用水及取水许可监督管理系统软件",2016 年 10 月,该系统通过验收。云南省计划用水及取水许可监督管理系统软件主要围绕计划用水监督管理、计量设施的监督管理、节约用水监督管理、延续取水管理等取水许可监督管理的主要内容,系统分为"信息管理""监督管理""统计分析"和"系统管理"四个板块,实现对部分取用水户计划用水、取水许可监督管理等工作的电子化统一管理,包括新增、删除、修改、导入、导出、查询、打印等多种功能。该软件系统的运用不仅满足总队对取水许可监督管理等常规管理需要,还将提高取水许可监督管理工作的现代化和信息化水平。2017年地方人民政府根据自身实际情况公布《非居民用水户实行计划用水与定额管理工作实施办法》,非居民用水单位计划用水管理是根据水库蓄水、水厂制水,供水情况和各行业用水定额,对用水单位下达计划用水指标并进行考核,对超计划用水的单位实行累进加价收费制度,促使各用水单位做到科学、合理和节约用水。

(2)贵州省。

2014年1月,贵州省水利厅下达了2014—2015年度用水计划(黔水资〔2014〕27号)。2015年11月,印发了"2015年度取水许可和计划用水监督检查工作总结",对计划用水管理工作中存在的问题进行了分析,并提出了规范取水许可工作整改意见。2016年11月起,贵州省水利厅对各市2017年取水计划进行审核,确保年度取用水计划下达工作按期有序进行。2017年5月,为促进计划用水和节约用水,规范节约用水奖补工作,根据《中华人民共和国水法》《城市节约用水奖励暂行办法》《贵阳市城市节约用水管理条例》《贵阳市城市节约用水管理实施规定》等法律法规、规章有关规定,结合贵阳市实际情况,特制定贵阳市节约用水奖补办法(试行)。

(3)广西壮族自治区。

2014年12月,广西区水利厅转发了水利部《关于印发〈计划用水管理办法〉的通知》。2015年1月,下发了《关于下达2015年度用水总量控制计划的通知》(桂水资源〔2015〕2号),明确了2015年度广西区用水总量控制计划。广西区各设区市按照实行最严格水资源管理制度要求和水利厅下达的2015年度各设区市用水总量控制计划加强节水工作,实现用水总量小于控制指标。2016年度,各区市进一步加强计划用水管理工作,2016年11月,广西壮族自治区物价局发布了《广西壮族自治区物价局关于非居民用水超计划(定额)累进加价试行方案的通知》(桂价格〔2016〕96号),各县(市)进行转发。2017年3月,广西壮族自治区水利厅印发了《广西壮族自治区计划用水管理办法的通知》(桂水资源〔2017〕7号),对计划用水要求做出了详细规定;同年3月,广西壮族自治区人民政府办公厅印发了《广西节约用水管理办法的通知》(桂政办发〔2017〕31号),要求取水单位或者个人应当按照经批准的年度取水计划取水,提出了节水型社会建设、节水规划、总量控制、用水定额管理、取水计划、用水计划、水平衡测试、用水统计、水资源消费计量、节水设施"三同时"管理、节水产品认证管理、高耗水项目限制制度等节约用水管理制度。

(4)广东省。

2014年12月,广东省水利厅下发了《关于转发水利部〈计划用水管理办法〉的通知》(粤水资源函〔2014〕1265号),对计划用水要求做出了详细规定。2016年2月,省发展改革委、省水利厅、省住房和城乡建设厅联合出台了《关于全面推行和完善非居民用水超定额超计划累进加价制度的指导意见》(粤发改价格〔2015〕805号)提出要充分认识实施非居民用水超定额、超计划累进加价制度的必要性和重要意义,全面推进非居民用水大户计划用水和超定额、超计划用水累进加价管理。2017年4月,广东省人民政府第十二届98次常务会议通过并公布《广东省节约用水办法》,是为了促进节约用水,保护和改善生态环境,建设节水型社会而制定的法规,自2017年8月1日起施行,要求单位用水实行计划用水,并实施超定额、超计划用水累进加价制度。《广东省节约用水办法》的施行,将有助于进一步挖掘节水潜力、舒缓节水压力、促进节水工作,支撑广东经济社会可持续发展。

（5）海南省。

2014 年 12 月,海南省水务厅印发了《海南省计划用水管理办法》(琼水资源〔2014〕673 号)。2015 年 2 月,下达 2015 年度取水计划的通知(琼水资源〔2015〕49 号)。海口、三亚、儋州等市均按照计划用水管理要求,对市级管理的用水户开展了计划用水管理工作。2016 年 11 月,海南省水务厅下发通知,要求各有关取用水户对 2016 年度用水情况进行总结,提出 2017 年度用水计划。2017 年 5 月,海南省人民政府办公厅印发《海南省 2017 年度水污染防治工作计划的通知》琼府办〔2017〕79 号,要求对纳入取水许可管理的单位和其他用水大户实行计划用水管理。

2017 年 12 月,为深入贯彻党的十八届三中全会精神,落实党中央"节水优先、空间均衡、系统治理、两手发力"的新时期治水方针,进一步落实最严格水资源管理制度,加快海南省水价改革,推进节约用水工作,根据《国务院关于印发水污染防治行动计划的通知》(国发〔2015〕17 号)、《国家发展改革委、住房城乡建设部关于加快建立健全城镇非居民用水超定额累进加价制度的指导意见》(发改价格〔2017〕1792 号)和《中共海南省委 海南省人民政府关于推进价格机制改革的实施意见》(琼发〔2017〕2 号)有关要求,海南省物价局就建立健全城镇非居民用水超定额超计划累进加价制制度,提出了《海南省物价局就海南省水务厅关于建立健全城镇非居民用水超定额累进加价制度的指导意见》(琼价价管〔2017〕754 号),提出实行计划用水管理的,对超过计划部分按年度实行加价收费,超定额超计划用水累进加价水费由供水企业收取。

2　目标与任务

2.1　工作范围

本次工作范围为珠江委管理范围,包括珠江流域、韩江流域、澜沧江以东国际河流(不含澜沧江)、粤桂沿海诸河和海南岛及南海各岛诸河等水系,总面积 65.5 万 km²。重点研究区域为云南、贵州、广西、广东与海南五省(自治区)。

2.2　工作目标

通过本项目的实施,监督检查流域重点取用水户计划用水管理实施情况,分析典型取用水户取用水计划合理性,为贯彻落实计划用水管理制度,促进流域节约用水提供管理支撑。

2.3　主要任务

(1)重点取用水户计划用水管理实施情况监督检查。

在珠江委或流域有关省(区)纳入计划用水管理的取用水户中,根据取水规模与行业重要性,选取重点取用水户,通过资料收集、座谈、现场检查等方式,检查各重点取用水对象计划用水实施情况,了解重点取水对象计划用水申报、下达与执行情况,取用水原始记录情况及用水台账建立情况,了解计量设施安装、检查、维护情况等。

(2)试点取用水户年度取用水计划合理性分析。

在监督检查的重点取用水户中,综合考虑取用水规模、取用水类型、管理要求等因素,选择 1 个流域典型取用水户。根据调研与收集到的典型取用水户计划用水执行情况资料,通过纵向与横向对比分析法,分析取用水户取用水趋势、用水水平变化、取水与总量控制指标的关系;采用相关关系法,分析取用水户取用水量与来水量、生产规模的关系,分析取用水户实际取水量与申请、计划取水量关系合理性等。

2.4　工作依据

2.4.1　法律法规

(1)《中华人民共和国水法》(2016 年)。
(2)《取水许可和水资源费征收管理条例》(2006 年)。
(3)《取水许可管理办法》(2008 年)。
(4)《建设项目水资源论证管理办法》(2015 年)。

（5）《水资源费征收使用管理办法》（2008年）。

（6）《计划用水管理办法》（2014年）。

（7）其他法律法规。

2.4.2 相关规划及文件

（1）《珠江流域及红河水资源综合规划》（2010年）。

（2）《珠江流域综合规划（2012—2030）》（2013年）。

（3）《中共中央 国务院关于加快水利改革发展的决定》（中发〔2011〕1号）。

（4）《国务院关于实行最严格水资源管理制度的意见》（国发〔2012〕3号）。

（5）《实行最严格水资源管理制度考核办法》（国办发〔2013〕2号）。

（6）《水利部 发展改革委关于印发〈"十三五"水资源消耗总量和强度双控行动方案〉的通知》（水资源〔2016〕379号）。

（7）水利部、国家发展改革委员会等9部委《关于印发〈"十三五"实行最严格水资源管理制度考核工作实施方案〉的通知》（水资源〔2016〕463号）。

（8）《水利部关于开展2016年度实行最严格水资源管理制度考核工作的通知》（水资源函〔2017〕24号）。

（9）《水利部办公厅关于对2016年度水资源管理专项监督检查发现问题进行整改的通知》（办资源函〔2017〕266号）。

（10）《珠江委关于委托开展直接发放取水许可证项目计划用水管理工作的函》（珠水政资函〔2017〕587号）。

（11）《珠江委关于报送2018年度取水计划及2017年度取水总结的函》（珠水政资函〔2017〕666号）。

（12）《珠江委关于下达审批发证取水项目2018年度取水计划的函》（珠水政资函〔2018〕036号）。

（13）《2018年度取水计划下达通知书》（不含红河）（取水（国珠）计〔2018〕3号至28号）。

（14）其他相关文件和技术成果。

3　重点取用水户计划用水管理实施情况监督检查

在珠江委或流域有关省（区）纳入计划用水管理的取用水户中，2018年取水许可证到期的取用水户共3家，分别是南海第二水厂（瀚蓝环境股份有限公司）、佛山恒益发电有限公司（1、2号2×600 MW机组）、贵州兴义电力发展有限公司（2×600 MW机组），均由珠江委委托省级水行政主管部门管理。根据珠江委工作安排以及对到期取用水户开展取水许可核定与延续管理等要求，本次拟选取上述3家取用水户作为重点对象，开展计划用水管理实施情况监督检查。

3.1　工作思路

通过座谈、现场检查、资料收集等方式，了解各重点取用水户计划用水管理制度建立情况，计划用水管理部门和管理人员情况；了解各取用水户用水计划制定方法与申请申报程序；了解各取用水户实际用水量与申请用水量之间的关系；检查各取用水户取用水计量设施安装、检查、维护和用水原始记录情况及用水台账建立情况；了解各取用水户定期开展水平衡测试情况；了解供水企业定期报告供水情况、管网漏损情况和供水管网范围内用水户的用水情况；了解各取用水户在计划用水执行中存在的问题与困难，对流域计划用水管理的意见建议等。

重点取用水户计划用水管理实施情况监督检查技术路线图见图2-3-1。重点取用水户分布见图2-3-2。

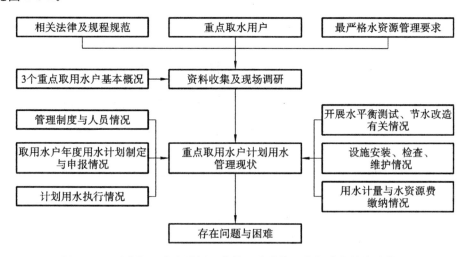

图 2-3-1　重点取用水户计划用水管理实施情况监督检查技术路线图

图 2-3-2　重点取用水户分布

3.2　重点取用水户基本概况

重点取用水户基本情况见表 2-3-1。

表 2-3-1　重点取用水户基本情况

取用水户	所属地区	取水水源	许可取水量	取水有效期限
南海第二水厂	广东佛山	东平水道	36500 万 m³	2018 年 7 月 31 日
佛山恒益发电有限公司 （1、2 号 2×600 MW 机组）	广东佛山	西江干流水道	1131 万 m³	2018 年 9 月 30 日
贵州兴义电力发展有限公司 （2×600 MW 机组）	贵州兴义	木浪河水库	1761.73 万 m³	2018 年 12 月 31 日

3.2.1　南海第二水厂（瀚蓝环境股份有限公司）

南海第二水厂位于广东省佛山市南海区狮山镇,项目建设规模为日供水能力 100 万 m³/d,该项目取水水源为东平水道,取水地点为东平水道左岸的狮山镇小塘河段,取水方式为无坝提水(见图 2-3-3~图 2-3-5)。项目年最大取水许可量为 36500 万 m³,最大取水流量为 12.3 m³/s,日最大取水量为 105 万 m³,取水用途为城镇生活用水,水源类型为地表水。取水许可有效期为:2013 年 8 月 1 日—2018 年 7 月 31 日。

南海区现有的主要自来水厂有 8 家,其中南海第二水厂、新桂城水厂、河塱沙水厂主要供给区内北江以北区域范围。南海第二水厂与新桂城水厂共同担负着南海区北江以北区域的生活用水和区域性开发用水。该区域主要包括桂城、大沥、罗村、狮山和里水等 5 镇,两水厂已实现了联网,并与河塱沙水厂管网连通;同时根据南海区供水规划,今后将实现同北江以南区域供水管网的连通。

2018 年 5 月 23 日,珠江委对南海第二水厂开展现场调研,共 3 人参与调研。

图 2-3-3　南海第二水厂一、二期工程进水口

图 2-3-4　南海第二水厂三、四期工程取水泵房

图 2-3-5　南海第二水厂退水口

1. 取水计量设施安装、运行情况

南海第二水厂共安装 4 台取水流量计（见图 2-3-6～图 2-3-7）。进水厂的 4 路源水管安装的电磁流量计分别为 2 台上海光华·爱而美特仪器有限公司 MS900-1800、2 台上海威尔泰工业自动化股份有限公司 IFM4300W-1800。南海第二水厂自控系统见图 2-3-8。

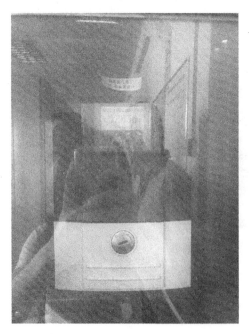

图 2-3-6　南海第二水厂 2 号流量计

图 2-3-7　南海第二水厂 3 号流量计

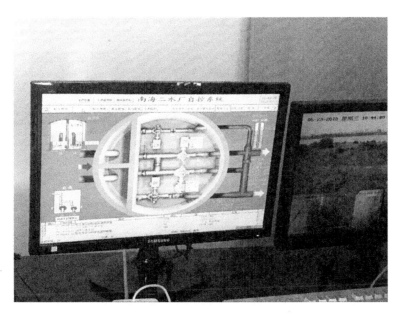

图 2-3-8　南海第二水厂自控系统

结合国家水资源监控能力建设项目,取水流量系统接入广东省省级取用水户监控系统(见图 2-3-9),进行数据的传输,广东省水利厅可通过流量计获得水厂取水量数据。水厂取水和送水流量计按照规范定期检定,确保取用水计量设施正常运行。计量设施检定频率为 1 年 1 次,电磁流量计各项参数正常,仪表全年正常运行,近期检测时间为 2017 年 10 月 31 日、2018 年 5 月 24 日。

图 2-3-9　广东省省级取水户监控系统

南海第二水厂自建成投产起,按期进行取水许可申请及延续取水申请,瀚蓝环境股份有限公司建立了历年的取水台账,每一季度按期按量向广东省西江流域管理局缴纳水资源费(见图 2-3-10～图 2-3-11)。

图 2-3-10　南海第二水厂水资源费缴纳通知书

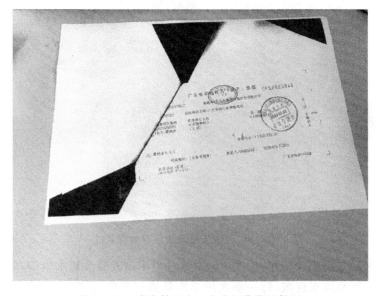

图 2-3-11　南海第二水厂水资源费缴纳凭证

2. 节水管理情况

1）技术方面

在自来水的处理工艺上,南海第二水厂采用了加药—混凝—沉淀—过滤常规水处理工艺处理,一二期工程的滤池反冲洗水作为原水利用,三期工程生产废水全部经处理作为原水利用,最大限度地节约了水资源。工作要求是:在保证供水水质的前提下减少制水生产自用水。加强供水管网及阀门、直接用水户水表检测管理,减少管网等水损。

2）管理方面

水厂为配合节水型社会建设,配合管理部门对用水户的用水计划管理,加强节约用水宣传,并制定了以下节水措施。

（1）建立健全用水节水工作责任制,各科室、车间主管为责任人,负责落实各项用水节水工作制度,加强对用水节水工作的奖惩考核。

（2）建立用水节水监督机制,加强用水节水监督工作,及时发现和制止浪费水资源的行为,严肃处理破坏、损坏节水设施、设备的行为。

（3）经常进行节约用水的教育,增强员工的节约用水意识。各科室主管要以身作则,教育和带领员工自觉爱护用水设施与设备,提高水资源的循环利用。

（4）加强用水设备的日常维护管理,及时检查更换老化的供水管路及零件,对水耗超标的设施设备等进行节水改造,切实减少耗水量。

（5）经常对供水设施进行检修,认真进行管路检查,发现问题及时检修,杜绝"跑、漏、滴"现象。

（6）养成节约用水的良好习惯,做到"随手关水、人走水关",防止"常流水"的现象,禁止浪费水资源。

（7）注重绿化节约用水,提倡循环用水,绿化用水尽量使用雨水或再生水。

（8）新建和改造项目应使用节水器具和设备,在用水区域设置"节约用水"标识。

（9）根据生产运行情况,及时调整絮凝池排泥阀排泥周期和时间,减少生产自用水消耗。

3. 取用水量情况

水厂取用水总体呈逐渐增长的趋势,2013—2017 年取水量从 22813.65 万 m³ 增加到 26006.40 万 m³,年均增长率为 3.33%（见表 2-3-2）。

表 2-3-2　2013—2017 年南海第二水厂取用水量情况

年份	取水量/(万 m³)	供水量/(万 m³)	售水量/(万 m³)	厂区自用水量/(万 m³)
2013	22813.65	22232.34	21460.88	146
2014	24895.25	24034.39	23268.15	860
2015	25691.32	24782.47	24393.39	908
2016	25369.21	24768.29	24017.81	601
2017	26006.40	25424.19	24839.43	582

3.2.2　佛山恒益发电有限公司(1、2 号 2×600 MW 机组)

佛山恒益发电有限公司(1、2 号 2×600 MW 机组)位于广东省佛山市三水区,项目设计年利用小时数为 5000 h,设计年发电量为 60 亿 kW·h。该项目取水水源为西江干流水道,取水地点为西江干流佛山市三水区白坭镇石仙岗河段,取水方式为提水(泵站)(见图 2-3-12)。项目年最大取水许可量为 1131 万 m³,最大取水流量为 0.67 m³/s,取水用途为城镇发电用水(佛山山水恒益电厂"上大压小"(2×600 MW)扩建工程项目),水源类型为地表水。取水许可有效期为:2013 年 11 月 29 日至 2018 年 9 月 30 日。

本项目 2009 年 12 月开工建设,两台机组于 2012 年 3 月投入试运行。电厂实际运行期间,年取水量均高于设计值 1131 万 m³,项目设计年利用小时 5000 h,实际连续运行 2 年的年利用小时为 5500 h 以上。根据电厂实际运行期间的数据,电厂实际单位发电取水量为设计值要大。

2015 年佛山恒益发电有限公司进行了 2×600 MW 机组供热改造,并完成了相应的水资源论证报告,2015 年 10 月 8 日,公司向珠江水利委员会申请改建工程项目取水(《关于办理广东佛山三水恒益电厂改建工程项目取水许可审批的函》(佛恒电〔2016〕29 号))项目原功能为发电,改建后增加供热功能,提高发电年利用小时数至 5500 h。利用已有取水口,项目运行期最大取水流量为 0.69 m³/s,日最大取水量 5.96 万 m³,年取水总量 1383 万 m³(其中 1131 万 m³ 已批复),本次新增取水量 252 万 m³(其中,发电取水新增 86 万 m³,供热取水新增 166 万 m³)。2016 年 3 月 7 日珠江水利委员会批准,项目取水许可有效期为 3 年,但由于该改造工程尚未完成验收工作,本次评估的项目许可取水量仍为 1131 万 m³。

2018 年 6 月 22 日,珠江委对佛山恒益发电有限公司(1、2 号 2×600 MW 机组)开展现场调研,共 2 人参与调研。

图 2-3-12　佛山恒益发电有限公司泵房取水口

1. 取水计量设施安装、运行情况

本项目取水计量系统安装了 27 套取用水计量设施,同项目取用水工程设施一同安装完成。取用水计量设施分布在电厂补给水泵房、净水站、化学制水系统以及废水处理系统等处,其中一级表 2 台、二级表 8 台、三级表 17 台(见图 2-3-13~图 2-13-16)。其中电磁流量计为西门子中国有限公司生产,还有部分恩德斯豪斯苏州自动化仪表有限公司生产的质量流量计,其余均为孔板流量计。其中 1、2 级共 10 套水表,取水流量计为电磁流量计,水表精度为±0.5%,所有流量计都正常运行。全部流量计实时测量数据信号均接入辅控系统(化水系统)。西江总管流量计数据有统计台账、人工记录(12次/d),实时采集数据(每秒3～4次)通过OPC接口接入辅控系统数据库,保存1年。补给水泵♯1、♯2出水管(西江总管)的西门子中国有限公司MAG3100电磁流量计,项目法人于2013年4月委托有关单位进行了校准。

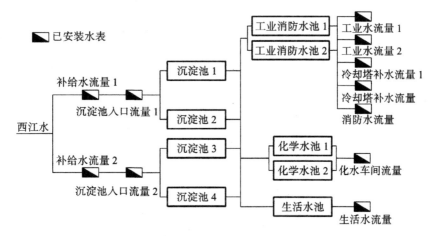

图2-3-13　佛山恒益发电有限公司取用水计量表示意图

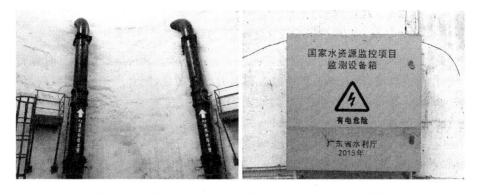

图2-3-14　佛山恒益发电有限公司补给水泵房取水流量计

图2-3-15　佛山恒益发电有限公司消防水泵房流量计

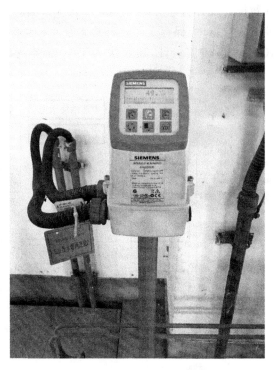

图 2-3-16　佛山恒益发电有限公司综合供水泵房流量计

佛山恒益发电有限公司保证计量设施与生产同步的正常运行,按规范及时进行西江总管流量计的检定或校准,接入国家水资源监控能力建设项目,配合广东省水利厅对取水量的在线监测。取水计量设施全年正常,检测周期为 1 年 1 次,取水计量数据获取方式有 2 种:计算机接收数据信号并进行取水报表统计;人工记录取水量,记录频次为 4 h/次。

佛山恒益发电有限公司(1、2 号 2×600 MW 机组)自建成投产起,按期进行取水许可申请及延续取水申请,佛山恒益发电有限公司建立了历年的取水台账,按期按量缴纳水资源费。

2. 节水管理情况

公司采取了一系列措施,确保各节水措施得以有效落实,节水设施全年正常运行。

1)技术方面

(1)经工业废水站复用水池集中各类处理达标的废污水复用于煤码头、输煤系统冲洗、煤场喷淋、基建及绿化用水。

(2)循环系统采用高浓缩节水技术(设计浓缩倍率 8),冷却塔采取高效收水器,部分补充水为复用水(辅机、空压机、冷干机冷却水),排污水复用于脱硫工艺或接入工业废水站复用。

(3)灰渣系统采用气力干除灰、干除渣等节水技术。

(4)输煤系统自复用水池补充水并处理回用。

(5)初期雨水经收集池自然沉淀后的底液进入输煤系统煤水沉淀池处理后复用。

(6)废水蒸干处理系统的冷凝水复用于锅炉补水。

(7)净水站含泥废水、化学制水排水及含有废水的分离液等,收集至工业废水处理系统集中处理复用。

（8）生活污水经处理达标后接入工业废水站复用。

（9）给水系统采用节水型卫生器具。

（10）建立了用水三级计量及在线监控,配合集控系统（化水系统）形成了新水、废水处理、回用的用水平衡体系,各类废污水经处理达标后分质分级全部回用、耗用,没有外排。提高设备的检修质量,减少设备的"跑、冒、滴、漏"现象。

（11）尽量扩大循环用水量,特别是生产用水中冷却用水的循环使用。

（12）改革生产工艺,减少生产中的用水环节,充分利用节水的新技术、新方法、新材料。

2）组织管理方面

（1）建立了节水管理机构,由节水管理机构制定相应的管理措施和制度,已经制定佛山恒益发电有限公司企业标准《节约用水管理考核标准》,编制和审查年度节水计划,组织协调各项节水技术的研究和推广,设立了节奖超罚制度促进节水。

（2）开展广泛的宣传和教育工作,使各用水部门、班组、车间和个人把节水工作纳入电厂增收节支的一个重要组成部分来对待。

3．取用水量情况

2013年取水量超出许可取水量约10％,主要原因是2013年初,省经信委下达年度发电计划,恒益电厂为68亿kW·h,折算成利用小时数为5667h,远高于取水许可利用小时数,随着中国经济的复苏,广东省电力需求增大,横益电厂的年利用小时数增加,达到6500h;2014年取水量超出许可取水量约11％,原因相同;2015—2017年取水量趋于稳定,但也接近或超出许可取水量。2013—2017年取水量从1253.20万m³减少到1141.36万m³,年均下降率为1.73％（见表2-3-3）。

表2-3-3　2013—2017年佛山恒益发电有限公司取用水量情况

时　间	发电量/（万kW·h）	取水量/（万m³）	单位产品取水量/（m³/MW·h）
2013年	660554	1253.20	1.90
2014年	563397	1256.85	2.23
2015年	524985	1131.09	2.15
2016年	497560.1	1130.92	2.27
2017年	510337.4	1141.36	2.24

2013—2017年电厂单位发电量取水量分别为1.90 m³/（MW·h）、2.23 m³/（MW·h）、2.15 m³/（MW·h）、2.27 m³/（MW·h）、2.24 m³/（MW·h）,符合《取水定额第一部分:火力发电》(GB/T18916.1—2012)电厂单位发电量取水定额指标"循环冷却机组单机容量600MW级及以上,单位发电量取水量≤2.40 m³/（MW·h）"的规定。也符合《广东省用水定额》(DB44/T 1461—2014)"循环冷却机组单机容量600 MW级及以上,单位发电量取水量≤2.40 m³/（MW·h）"的规定,工程节水水平较高。

3.2.3　贵州兴义电力发展有限公司（2×600 MW机组）

贵州兴义电力发展有限公司（2×600 MW机组）位于贵州省兴义市清水河镇黔西村,电厂新建工程是贵州《省人民政府关于贵州省第三批电源项目建设规划纲要》的主力电源点之一,也是"西电东送"的重要组成部分。工程建设对国家实施"西部大开发"战略,促进西部地区经济的振兴具有重要的意义。项目设计年利用小时数为 5500 h,设计年发电量为 66 亿 kW·h。该项目取水水源为木浪河水库,取水地点为贵州省黔西南州兴义市清水河镇木浪河水库,取水方式为引水。项目年最大取水许可量为 1761.73 万 m³,最大取水流量为 0.77 m³/s,日最大取水量 5.6 万 m³,取水用途为发电用水(贵州兴义电厂新建工程项目运行),水源类型为地表水。取水许可有效期为:2016 年 3 月 11 日至 2018 年 12 月 31 日。

1. 取水计量设施安装、运行情况

全厂共安装 2 套超声波流量计位于取水总管,水表型号为 TDS-100F,水表精度为 ±1%,所有流量计都正常运行。超声波流量计通过探头实时采集流量数据,输入到表头贮存及显示,并将数据传送至 DCS 控制系统,流量计数显仪安装在附近工房内,由木浪河水库管理站设专人值班,记录电厂取用水量,记录频次为 2 次/d,设备累积记录情况完整,并在电厂永久保存,作为向木浪河水库管理方缴纳水费的依据,按期缴纳水资源费(见图 2-3-17～图 2-3-18)。

图 2-3-17 佛山恒益发电有限公司水资源费缴纳通知书

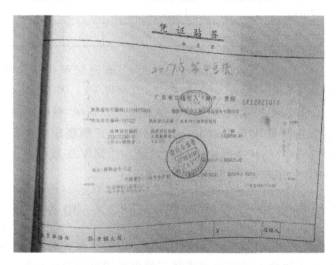

图 2-3-18 佛山恒益发电有限公司水资源费缴纳凭证

电厂按计量规范检定或检测取水流量计(贵州省计量测试院),保证了取水流量计与取水同步的全年正常运行、各计量记录完整,建立健全取水统计台账,建立在线传输系统(见图2-3-19~图2-3-21)。

图 2-3-19 贵州兴义电力发展有限公司(2×600 MW 机组)取水口

图 2-3-20 贵州兴义电力发展有限公司(2×600 MW 机组)取水流量计

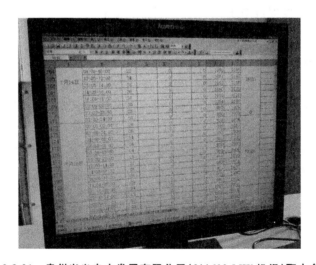

图 2-3-21 贵州兴义电力发展有限公司(2×600 MW 机组)取水台账

2. 节水管理情况

电厂采取了多种措施,加强节水工作,主要包括以下几项。

1) 技术方面

(1) 主机设备采用国产超临界燃煤机组,机组发电效率高,节水效果好,自动化水平高,也为电厂减少定员创造了有利条件,从而节约生活用水的消耗量。

(2) 自然通风冷却塔中安装除水器,使冷却塔的风吹损失降为0.1%。

(3) 对循环水系统的合理配置进行优化组合计算,拟定最佳的凝汽器面积及冷却倍率。

(4) 生活用水设备:给水系统采用节水型卫生器具。

(5) 用水设施:工业、生活、消防等水泵采用调速给水系统,以节能减少取水量,保证节水设施与取水及生产同步的正常运行。

(6) 采用二次循环冷却水系统,冷却塔装设除水器,减少水的损失。

(7) 循环水补充水采用加酸和稳定剂措施,循环水浓缩倍率提高到3.5,有利于减少循环水的补充需水量。

(8) 轴承冷却水系统采用闭式循环冷却水系统,只需补充少量除盐水。

(9) 除灰系统用水回收循环使用,补充水量较少。

(10) 工业用水排水部分回用作为循环水系统的补充水。

(11) 空调用水循环使用,工业水系统仅为其提供补充水,从而节约了用水。

(12) 建立了化水集控系统与水平衡体系,完全回用经处理达标的电厂工业、生活废污水。工业废水、含煤废水、脱硫废水、含油废水、生活污水处理后的废水及部分循环水系统排污水,进入复用水系统,用于煤场喷洒用水,叶轮给煤机、斗轮机的防尘喷水,灰场喷洒用水,以及输煤栈桥和转运站的水力冲洗除尘等用水;在厂区外修建回收水池,将厂内退水回收使用。

2) 管理方面

(1) 加强水务管理和节水的宣传力度,提高全厂人员的节水意识,制定切实可行的规章制度,将水务管理作为电厂运行考核的一项重要指标,使各项节水措施最终得以落实。

(2) 设立了奖罚制度促进节水。

3. 取用水量情况

2016—2017年电厂取水量分别为1138.0万 m³、1115.0万 m³,单位发电量取水量分别为2.21 m³/(MW·h)、2.31 m³/(MW·h),符合《取水定额第一部分:火力发电》(GB/T18916.1—2012)电厂单位发电量取水定额指标"循环冷却机组单机容量600 MW及以上,单位发电量取水量≤2.40 m³/(MW·h)"的规定。也符合《贵州省行业用水定额》(DB52/T725—2011)对电力生产单位产品用水定额指标"600 MW级≤单机容量<1000 MW级机组,单位发电量取水量≤2.80 m³/(MW·h)"的规定(见表2-3-4)。

表2-3-4　2016—2017年贵州兴义电力发展有限公司取用水量情况

年　　份	发电量/(万 kW·h)	取水量/(万 m³)	单位产品取水量/(m³/MW·h)
2016年	515509.7	1138.0	2.21
2017年	482785.4	1115.0	2.31

3.3　重点取用水户计划用水管理现状

1. 计划用水管理制度与管理人员情况

重点取用水户积极贯彻落实《水法》《取水许可和水资源费征收管理条例》《取水许可管理办法》《计划用水管理办法》等有关法律法规与规章制度关于计划用水管理的规定,以流域内各省区制定的法规制度为基础,相应制定了系列配套管理制度,进一步明确计划用水管理的对象、主要管理内容与管理程序等。同时,各取用水户积极配置专业管理人员,逐步提高用水精细化管理的水平。

南海第二水厂管理人员共18人,包括厂长、副厂长、生产车间主任、压水泵站站长等,取用水计量设施由生产运行值班人员每小时进行一次巡检,做到及时发现问题及时上报。水厂制定了《安全防护用具使用规程》,确保安全防护用具得到正确使用和保管,在应急事故处理时能妥善保护作业人员安全;为规范水厂生产车间运行班组管理,防止安全生产事故发生,确保水厂连续正常生产,水厂制定了《运行人员管理制度》《水泵运行规程》《水泵机组巡检规程》等。佛山恒益发电用水有限公司制定了《佛山恒益发电有限公司节能管理标准》,同时,每年初组织召开一次年度取水管理工作会议。贵州兴义电力发展有限公司制定了《贵州兴义电力发展有限公司节水管理制度》。

2. 取用水户年度用水计划制定与申报情况

重点取用水户通过生产试运行、同行业比较、参考历年资料等方式,掌握各个生产环节取、用、耗、排水量数据,再根据第二年度生产规模合理制定第二年度取用水计划;制定年度取用水计划后,通过用水计划申请表的方式上报有关水行政主管部门,申请下一年度取用水量。申请表内容包括年计划用水总量、月计划用水量、水源类型和取水用途等。年计划用水、月计划用水严格控制在用水总量控制指标范围内,单位发电取水量不大于许可单位发电取水量。

2017年11月珠江委下达《珠江委关于委托开展直接发放取水许可证项目计划用水管理工作的函》,要求相应省级水行政主管部门需按照有关规定,切实做好相应委托项目的计划用水相关管理工作。各取用水户的年度用水计划制定与申报程序不变,部分取用水户计划下达部门有所改变。

3. 取用水户开展水平衡测试、节水改造有关情况

重点取用水户在生产过程中,注重加强取用水管理与计划用水管理,定期开展水平衡测试等工作,掌握生产过程中取、用、耗、排水情况,并通过分析比较不断改进生产工艺,投入资金加强节水改造,提高用水效率。

南海第二水厂由于行业差异,并未进行过水平衡测试工作,但是为减少水资源的浪费,进行了一系列用水工艺改造和节水改造工作。包括:自耗水减排的技术改造;对现有回用水管道进行改造,以满足第一阶段滤池反冲洗水回用,减少原水取水量,降低水资源费及研究水厂生产废水回用;开展生产废水回用系统进行工程应用和水质安全性分析研究等。

4. 计划用水执行情况

重点取用水户能够执行水行政主管部门下达的用水计划,在取水许可证允许的取水总量范围内取用水,记录用水情况并建立用水台账,按时上报月度、季度、年度取用水报表和管网漏损情况等,各取用水户实际用水量基本小于申请、计划用水量,且控制在许可取水量范围内。

南海第二水厂实行超计划用水管理制度:当月超出用水计划时,立即向供水事业部报告,并根据供水事业部指示进行生产计划调整,必要时采取限量供水、轮流供水等应急措施保证用水计划指标达标。佛山恒益发电用有限公司严格按照《广东省实施〈中华人民共和国水法〉办法》第三十二条规定,2013—2015 年电厂用水水费为 0.005 元/t,2016 年以后电厂计划内用水水费为 0.2 元/t。超计划或者超定额取水不足 20%的部分,加收 1 倍水资源费;超计划或者超定额取水 20%以上不足 40%的部分,加收 2 倍水资源费;超计划或者超定额取水 40%以上的部分,加收 3 倍水资源费。

贵州兴义电力发展有限公司取用水为商品水,取用水量严格按公司计划取水执行,且自运行以来,未出现过超定额用水的情况,故未制定超额累进加价水资源费或水费标准。

5. 用水计量设施安装、检查、维护与水资源费缴纳情况

重点取用水户大部分都建立了完善的计量统计体系,取用水户自身安装有计量设施,并及时检查、检测、维修、更换计量设施,保证计量设施正常运行,较好地实现取用水的有效计量,水资源费征收也较顺利。同时,取用水户对于安装的节水设施、废污水处理设施、外排水量水设施等能够给予及时的检查与维护,各取用水户根据实际情况,平均 1 年至少检查维护 1 次,由取用水户委托相关检测单位或水行政主管部门进行检定,保证各设施能够正常运行。

3.4 存在的问题与困难

1. 取水计量系统存在漏洞

(1) 取水计量设施不完善。部分取用水户二级、三级计量装置配备不全,未达到《用水单位水计量器具配备和管理通则》中的水计量器具配备要求。且部分二级、三级计量装置从未进行过校准,部分装置计量数据不准,或存在故障。流量计量报表不完善,不利于及时发现用水设施异常情况,易产生水资源的浪费现象。部分取用计量设施一旦发生设备故障,必须由指定的维护公司处理,拖延了故障的处理效率。南海第二水厂未配备二、三级取水计量设施;佛山恒益发电有限公司部分工业系统用水由生活用水管网提供,不利于生活用水量的计量;贵州兴义电力发展有限公司目前仅对全厂取用水量进行日常监测,并未对循环水退水量进行计量,也未配备二、三级取水计量设施。

(2) 用水计量监控设施体系建设不健全。取用水户虽然大部分安装了计量设施,但计量不准确、计量不及时的情况时有发生,大部分取用水户未全面开展实时监控设施建设,计量较为粗放,管理水平不高。南海第二水厂中广东省水资源监控能力建设项目取用水数据波动较大、数据不准确,水行政主管部门获取水量信息较为滞后,也缺乏手段复核上报数据的真实性,容易使相关部门作出错误的判断。

2. 用水计划的核定下达工作体系不完善

由于监控设施不足,取用水户分布广泛,各地区的用水水平不一等各种原因,现状取用水户年度用水计划的核定缺乏一套完整的核定方案。每年年底,要求取水户上报本年度取水总结和下一年度取水计划,这个过程中工作比较集中,协调工作也较多。由于很多业主并不重视此项工作,且相关人员也不断更换,导致上报的过程有时候比较长,需要反复催促,水行政主管部门处于被动状态。有少部分用户迟迟不报,还有一部分因为涉密,上报和回函都有些困难。

大多数取用水户以上报数据为依据,在不超过原审批取水量的前提下直接下达现行年度用水计划。取水计划的核定,主要是对取水计划有没有超许可量,与往年比有没有明显的调整进行复核。但大部分取用水户的计划用水量都上报的比较大,很难进行核减,因此给取水计划的下达工作带来了一定的困难。佛山恒益发电有限公司,近几年的计划取水量一直是许可取水量 1131 万 m^3,而实际取水量,除 2016 年,均超出计划取水量,主要由于许可取水量偏小,但一定程度上也体现出计划取水量的不合理性。

3. 计划用水的监督指导力度不足

由于水行政主管部门计划用水管理相关工作的人力、物力、财力有限,且缺乏完善的监督管理机制和有效的计量监控手段,水行政主管部门对取用水户的过程监督、管理、指导力度不足,部分取用水户对计划用水管理的工作不够重视,或对计划用水工作的重要性知之甚少,制约了计划用水管理工作水平的进一步提升。

4. 计划用水执行机制存在缺陷

能源项目一般通过电力调度,计划用水与实际情况存在不符的现象,目前缺乏具体可靠的制度对灵活性较大的取用水户实行管理。生产过程中会受到发电调度、停机计划等影响,每月实际取水量会有所偏差,由于月取水标的值的限制,使月取水计划量不符合电厂的实际生产计划。恒益电厂 2013 年、2014 年超出许可取水量,主要原因是:广东省电力设计研究院在做项目设计时,是以利用小时数为 5000 h 作为基础进行系统计算和经济分析,不代表项目的最大利用小时数为 5000 h,项目的年发电量受制于政府部门要求,社会用电量需求、电网公司和企业自身条件等因素,在做取水申请时,佛山恒益发电有限公司未考虑相关情况,以设计年利用小时数(5000 h)作为最大年取水量,从运行情况看,与实际不符。后期,佛山恒益发电有限公司向珠江水利委员会申请改建工程项目取水,新增取水量 252 万 m^3(其中,发电取水 86 万 m^3),才使得取水量在许可取水量范围内,但改建工程尚未验收,不能计入新增的水量进行评估。

4 试点取用水户年度取用水计划合理性分析

4.1 试点选取理由

珠江委开展计划用水管理工作以来，对公共供水项目和水电项目较为关注，曾多次组织调研座谈和监督检查，总结了公共供水项目和水电项目计划用水管理过程中的经验与不足。本次拟选取公共供水项目（南海第二水厂）作为试点，通过其规范化的管理，指导流域其他类型项目计划用水管理工作，主要选取理由如下。

根据珠江委取水许可管理统计，南海第二水厂近三年平均取水总量 25689 万 m^3，2018 年核定下达计划量 29130 万 m^3，取水规模较大。南海第二水厂与新桂城水厂（许可年取水量 13870 万 m^3）共同担负着佛山市南海北部区域的生产、生活用水。

另据统计，截至 2018 年初，珠江委纳入计划用水管理（包含委托各省管理的）并下发取水计划的用水单位共有 78 个，其中公共供水项目 9 个，占比 12%，是除电力行业外占比最大的行业类型；在 9 个公共供水项目中，广东共 9 个，其中佛山市 4 个，其中南海第二水厂 2017 年实际取水量占这 4 个项目实际取水总量的 47%，远高于平均水平，随着经济迅速发展，用水量也逐渐提高，从发展的角度考虑，南海第二水厂为南海区甚至是佛山市公共供水起到了很大的作用，具有很好的代表性。

4.2 试点工作开展步骤

1. 开展试点取用水户计划用水执行情况调研

在珠江委或流域有关省（区）纳入计划用水管理的取用水户中，综合考虑取用水规模、取用水类型、管理要求等因素，选取南海第二水厂作为试点取用水户，通过资料收集、调研座谈、现场查看等方式，调查试点取用水户近 5 年实际取用水量、用水效率、用水水平、实际用水量与申请用水量之间关系等情况。

2. 试点取用水户年度取用水计划合理性分析

根据调研与收集到的试点取用水户计划用水执行情况与历年实际取用水量资料，通过纵向与横向对比分析法，分析取用水户取用水趋势、用水水平变化、取水与总量控制指标的关系；采用相关关系法，分析取用水户取用水量与来水量、供水规模的关系，分析用水特点、用水水平发展趋势等。

4.3 试点取用水户基本概况

4.3.1 南海第二水厂基本情况

佛山市南海区位于珠江三角洲腹地，处于东经 112°51′～113°15′，北纬 22°48′～23°18′之间,紧连广州,辖区面积1073.8 km²。

南海第二水厂从事自来水生产业务,承担着佛山市南海区狮山、里水、大沥、罗村等镇区70多万人口(户籍人口)的供水业务,主要将自来水供应给各街镇自来水公司,设计日供水规模100万m³,分期建设。根据《南海第二水厂扩建工程(50万m³/d)水资源论证报告书》总取水量36500万m³,供水人口为70万人,年用水量为21900万m³,工业用水量为14600万m³。实际运行中,主要用户为乡镇自来水公司和村委会转供水,直接用水户日均总供水量约0.1万m³。南海第二水厂地理位置图如图2-4-1所示。

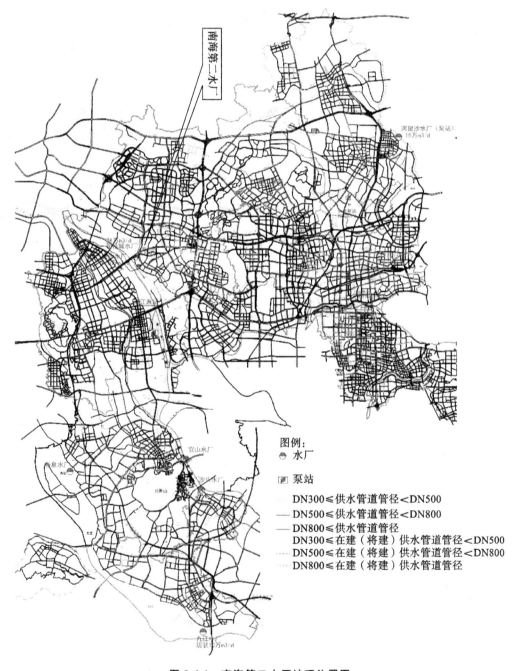

图2-4-1　南海第二水厂地理位置图

1994年经广东省水利电力厅同意取水许可预申请后开始第一期(25万 m³/d)建设,1998年建成投产,1998年1月1日获得广东省水利厅核发的取水许可证。2003年1月,广东省发展计划委员会批准水厂二期工程(25万 m³/d)建设,2005年建成投产后日供水能力达到25万 m³/d,于4月8日获得珠江委核发的取水许可证。随着南海北江以北供水范围的扩大,供水需求也随之增长,为满足南海区北江以北区域日益增长的用水需求及保障社会经济的可持续发展,南海第二水厂进行扩建,2006年,《南海第二水厂扩建工程(50万 m³/d)水资源论证报告书》通过珠江委审查。2006年10月31日,广东省发展和改革委员会核准水厂扩建工程建设,扩建后水厂供水能力达到100万 m³/d。2009年7月23日获得珠江委核发的取水许可证。目前水厂现状供水规模为100万 m³/d,但厂内配套的制水设备75万 m³/d,水厂第四期工程(净水厂部分)主要建设内容为:折板反应沉淀清水池、反清洗滤池、浓缩池、排水池、排泥池、脱水车间及机修车间、厂区道路、管线及设备安装,预计2019年初投入使用,水厂净水能力可达到100万 m³/d。

2014年南海第二水厂的取水权人由南海发展股份有限公司变更为瀚蓝环境股份有限公司。南海水厂和桂城水厂承担着北江以北区域大部分的生产、生活用水,两水厂之间的供水管网已实现互通。

南海第二水厂有2座取水泵房,共安装8台取水水泵,目前实际参与工作的共6台。1♯～4♯水泵在1号泵房,5♯～8♯水泵在2号泵房,两泵房并列,相距约71.5 m。为确保连续供水安全,水泵运行基本原则为一用一备,8台水泵联合运行满足日供水规模100万 m³,相应取水流量12.3 m³/s,年取水总量36500万 m³。本项目考虑供水安全设计的供水规模较大,需要根据实际申请审批年度取水计划。

项目取水许可年均取水量为36500万 m³。取水许可有效期为:2013年8月1日至2018年7月31日。

4.3.2 计划用水管理情况

为加强水厂计划用水和节约用水管理,全面落实最严格水资源管理制度,促进水资源高效利用,切实提高用水管理规范化,特制定计划用水和节约用水管理制度。厂部、生产车间、设备室、办公室分别有各自的用水管理职责。

1. 厂部

(1)负责计划用水、节约用水的组织协调和监督管理工作。

(2)负责督促落实计划用水、节约用水指标和节水措施。

(3)负责水厂用水计划制定工作的审核。

(4)负责水厂用水设备新建、变更、报废工作的审核。

(5)负责水厂用水设备日常点检、计划检修、大修技改工作的审核。

(6)负责水厂用水设备检查工作的实施和设备管理工作的监督。

2. 生产车间

(1)负责水厂计划用水、节约用水的计划、统计上报工作。

(2)负责根据水厂用水总量控制指标、用水定额、用水项目情况、用水计划建议、前3年同期抄表计费水量等用水情况核定用水计划。

(3)负责根据国家规定和技术标准,对用水情况进行水平衡测试,以改进用水工艺,提高水的重复利用率。

(4)负责用水管理办法的制订、完善和落实。

(5)负责水设备的管理、日常检查和考核,并建立相关记录。

3.设备室

(1)负责制订和完善水厂用水设备管理制度。

(2)负责用水设备新增、转移、报废的申报工作,建立设备固定资产台账。

(3)负责用水设备点检、维护保养计划的编制和组织实施。

(4)负责用水设备大中修计划的编制和组织实施。

(5)负责用水设备技术改造项目的编制、报批和组织实施。

4.办公室

(1)负责用水设备的日常点检、维护保养记录、大修技改记录的备案。

(2)负责用水设备检查和考核,相关记录的备案。

(3)负责用水设备技术资料的归档和保管。

水厂在每年年初将用水计划上报至广东省西江流域管理局,每年计划建议表中包含各月计划用水量,审核批准后即可按照计划进行取水。广东省西江流域管理局按照《计划用水管理办法》,考虑水厂前3年实际用水情况,下达计划用水量。要求月计划用水量不得超过发证审批机关《取水许可登记表》中明确的月度分配水量。用水计划一经下达,须严格执行。水厂因故调整年计划用水量的,应提前15个工作日向广东省西江流域管理局提出用水计划调整建议申请,并提交计划用水总量增减原因和相关证明材料;仅调整月计划用水量的,应提前10个工作日重新报管理机关备案。

水厂运行至今,取水口在水下几米的位置,未出现水无法抽取、抽取油污等情况。

4.3.3 计量设施安装情况

关于取水计量设施安装运行情况已在前文说明,此处不再重复。

4.3.4 水质监测情况

(1)水源水检测

南海第二水厂由广东省城市供水水质监测网南海监测站对水源水的水质指标进行定期监测,并出具检测报告,其中47项指标的检测频率是每月至少1次,165项指标的检测频率是每年至少2次(见表2-4-1)。

表2-4-1 南海第二水厂水质检测指标及频率

检测单位	检测项目		检测频率
	项数	名称	
瀚正检测公司	47	水温、pH值、溶解氧、高锰酸盐指数、化学需氧量、五日生化需氧量、氨氮(NH_3-N计)、总磷(以P计)、总氮、铜、锌、氟化物(以F^-计)、硒、砷、汞、镉、铬(六价)、铅、氰化物、挥发酚、石油类、阴离子表面活性剂、硫化物、粪大肠菌群、氯化物(以Cl^-计)、硫酸盐(以SO_4^{2-}计)、硝酸盐(以N计)、铁、锰、三氯甲烷、四氯化碳、钼、钴、铍、硼、锑、镍、钡、钒、钛、铊、浑浊度、总硬度(以$CaCO_3$计)、亚硝酸盐、银、电导率、铝	每月不少于1次

检测单位	检测项目		检测频率
	项数	名称	
瀚正检测公司	165	水温、pH 值、溶解氧、高锰酸盐指数、化学需氧量、五日生化需氧量、氨氮（NH₃-N 计）、总磷（以 P 计）、总氮、铜、锌、氟化物（以 F⁻ 计）、硒、砷、汞、镉、铬（六价）、铅、氰化物、挥发酚、石油类、阴离子表面活性剂、硫化物、粪大肠菌群、硫酸盐（以 SO₄²⁻ 计）、氯化物（以 Cl⁻ 计）、硝酸盐（以 N 计）、铁、锰、三氯甲烷、四氯化碳、三溴甲烷、二氯甲烷、1,2-二氯乙烷、环氧氯丙烷、氯乙烯、1,1-二氯乙烯、1,2-二氯乙烯、三氯乙烯、四氯乙烯、六氯丁二烯、苯乙烯、甲醛、丙烯醛、三氯乙醛、苯、甲苯、乙苯、二甲苯（总量）、异丙苯、氯苯、1,2-二氯苯、1,4-二氯苯、三氯苯（总量）、四氯苯、六氯苯、硝基苯、2,4-二硝基甲苯、2,4,6-三硝基甲苯、2,4-二硝基氯苯、2,4-二氯酚、2,4,6-三氯酚、五氯酚、苯胺、联苯胺、丙烯酰胺、丙烯腈、邻苯二甲酸二丁酯、邻苯二甲酸二(2-乙基己基)酯、水合肼、吡啶、松节油、苦味酸、丁基黄原酸、活性氯、滴滴涕、林丹、环氧七氯、对硫磷、甲基对硫磷、马拉硫磷、乐果、敌敌畏、敌百虫、内吸磷、百菌清、甲萘威、溴氰菊酯、阿特拉津、苯并(a)芘、微囊藻毒素、黄磷、钼、钴、铍、硼、锑、镍、钡、钒、钛、铊、色度、浑浊度、臭和味、肉眼可见物、二氧化硅、总硬度（以 CaCO₃ 计）、总碱度、亚硝酸盐、钙、镁、银、钾、钠、电导率、蛋白性氮、总 a 放射性、总 b 放射性、溶解性总固体、苯酚、间甲基酚、对硝基酚、总有机碳、悬浮物、草甘膦、呋喃丹、溴酸盐、菌落总数、总大肠菌群、粪性链球菌、亚硫酸还原厌氧孢子、大肠埃希氏菌、贾第鞭毛虫、隐孢子虫、藻类、铝、碘化物、七氯、毒死蜱、1,1,1-三氯乙烷、二氯一溴甲烷、一氯二溴甲烷、三卤甲烷、六六六、灭草松、2,4-滴、1,3,5-三氯苯、1,2,4-三氯苯、1,2,3-三氯苯、二氯乙酸、三氯乙酸、锂、锶、锡、1,3-二氯苯、五氯苯、氯霉素、2-甲基异茨醇、β-环柠檬醛、土臭素、β-紫罗兰酮、邻甲酚、2,4-二甲基苯酚、2,4-二硝基酚	每年不少于 2 次

（2）水厂内部水质检测

水厂内部还制定了《运行班组水质检测规程》，主要目的是规范水厂制水车间级水质监测工作，保证出厂水水质符合《生活饮用水卫生标准》(GB5749—2006)中规定的水质标准。

（3）水厂退水检测

水厂退水口有排泥水量，仅限于自来水生产的脱泥处理废水外排入河。退水地点水功能区为北江干流水道开发利用区的紫洞饮用、渔业区，水质目标为Ⅱ类。广东省城市供水水质监测网南海监测站每月定期在水厂内排水口的抽水检测结果为合格。但未安装计量设施，所以未进行计量。

相关规程如图 2-4-2～图 2-4-5 所示。

报告编号　1712-02(2)-001

广东省城市供水水质监测网

南海监测站

检测报告

样品名称：水源水（地表水）

客户名称：瀚蓝环境股份有限公司

客户地址：南海大道114号财联大厦

报告页数：　5页

检测单位公章验报告专用章

第1页共5页

图 2-4-2　南海第二水厂水质检测报告封面

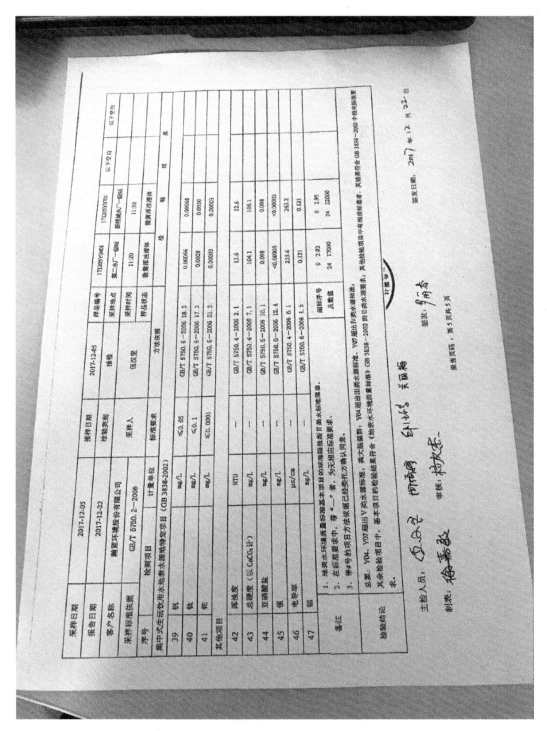

图 2-4-3　南海第二水厂水质检测报告

图 2-4-4　南海第二水厂运行班组水质检测规程

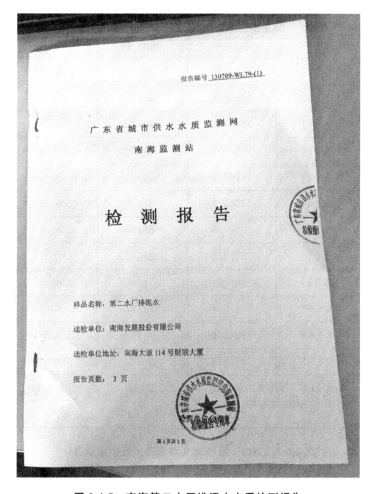

图 2-4-5　南海第二水厂排泥水水质检测报告

4.4 试点取用水户计划用水管理分析评估

1. 取用水趋势分析

近年来,佛山市南海区用水需求呈不断增长趋势,在高温天气影响下,城镇生活和生产用水需求量增加,南海第二水厂取水总量逐渐增加,对佛山市南海区自来水厂生产能力要求逐渐提高。南海第二水厂取用水总体呈逐渐增长的趋势,年最大日取水量和年最大日供水量也逐渐增加,2013—2017 年取用水量增长较大,2017 年取水量和供水量都达到最大值。2016 年相对于 2015 年,取水量和供水量略有减少,这是由于 2015 年厂区自用水量较多,导致取水量较大,年最大日取水量也较大,近年来水厂实施部分自用水回用,实际自用水量减少。2013—2017 年南海第二水厂取水量统计、供水量统计见表 2-4-2 和表 2-4-3,南海第二水厂年取、供水量变化见图 2-4-5。

2013—2017 年南海第二水厂取水量从 22813.65 万 m³ 增加到 26006.40 万 m³,年均增长率为 3.33%;2013—2017 年南海第二水厂供水量从 22813.65 万 m³ 增加到 26006.40 万 m³,年均增长率为 3.41%。

表 2-4-2　2013—2017 年南海第二水厂取水量统计　　　　　　（单位:万 m³）

时　　间	2013 年	2014 年	2015 年	2016 年	2017 年
1 年	1845.23	1836.28	2150	2016.61	1964.24
2 年	1355.22	1470.74	1812	1623.31	1752.32
3 年	1586.81	1745.90	1763	1956.22	1806.94
4 年	1767.03	2022.15	2183	2060.24	2045.21
5 年	1816.48	1970.21	2090	2061.94	2057.82
6 年	2075.10	2274.72	2327	2263.38	2290.24
7 年	2102.08	2294.58	2328	2235.09	2335.75
8 年	2128.16	2367.53	2377	2326.81	2530.28
9 年	2137.87	2348.51	2294	2289.30	2473.24
10 年	2017.67	2241.84	2137	2185.37	2311.85
11 年	2056.86	2204.58	2185	2232.33	2330.81
12 年	1925.15	2118.22	2047	2118.62	2107.70
总计	22813.65	24895.25	25691	25369.21	26006.40
年最大日取水量	74.71	77.62	95.99	81.95	85

表 2-4-3　2013—2017 年南海第二水厂供水量统计　　　　　　（单位:万 m³）

年　　份	2013 年	2014 年	2015 年	2016 年	2017 年
供水量	22232.34	24034.388	24782.47	24768.29	25424.19

年　　份	2013 年	2014 年	2015 年	2016 年	2017 年
年最大日供水量	72.25	77.62	80.52	79.63	83.02
年平均日供水量	60.91	65.85	67.90	67.86	69.66
自用水量	146	860	908	601	582

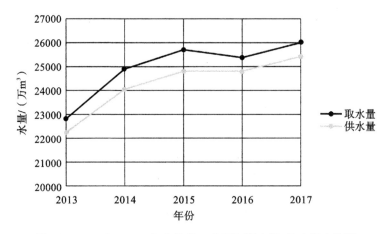

图 2-4-6　2013—2017 年南海第二水厂年取水量、供水量变化图

2. 用水水平变化分析

2014—2017 年水厂自用水量基本等于取水量减去供水量,近年自用水量有所减少,主要在于厂区自用水部分回用,大大提升了用水效率。

南海第二水厂供水管网布局合理、维修检测及时,取水计量设施运行情况全年正常运行,平均 1 年至少检定 1 次;节水设施、废污水处理设施、外排水量水设施也全年正常运行。水厂的供水按照《城市给水工程规划规范》(GB/T50282—98)、《广东省用水定额》(DB44/T1461—2014)中用水定额为标准执行。近年来,南海区人口逐渐增加,南海第二水厂供水范围内的人口也逐年增加,供水量和人均用水量逐渐增加但变化幅度较小,和南海区发展趋势基本一致,约占南海区人均用水量的 60%,用水效率不断提高,用水水平较高。南海第二水厂主要供水包括生产用水和生活用水,而由于供水管网联通,两者的供水量划分不清;根据供水户估算供水人口,统计口径不明确,且户籍人口和流动人口的用水指标存在差异,故人口数量存在一定的偏差。本次计算的人均用水量小于南海区人均综合日用水量,符合《城市给水工程规划规范》(GB/T50282—98)的要求。南海第二水厂人均综合日用水量见表 2-4-4。

表 2-4-4　2013—2016 年南海第二水厂供用水情况统计

地　　区	2013 年	2014 年	2015 年	2016 年
供水人口/(万人)	81.21	84.81	84.56	84.47
取水量/(万 m³)	22813.65	24895.25	25691.32	25369.21
供水量/(万 m³)	22232.34	24034.39	24782.47	24768.29

续表

地　区	2013 年	2014 年	2015 年	2016 年
人均用水量/m³	273.75	283.40	293.06	293.22
人均综合日用水量/(L/d)	750.00	776.45	802.90	803.34

根据 2013—2016 年南海区经济和社会发展统计公报和 2013—2016 年佛山市水资源公报,南海区用水情况统计见表 2-4-5。

表 2-4-5　2013—2016 年南海区用水情况统计

年　份	2013 年	2014 年	2015 年	2016 年
常住人口/(万人)	263.90	266.80	270.56	271.13
用水量/(亿 m³)	11.47	11.39	13.02	12.50
人均综合用水量/m³	436	429	484	462
人均综合日用水量/(L/d)	1191.12	1169.78	1318.08	1263.11

南海第二水厂管网漏损率统计见表 2-4-6,供水管网漏损率逐渐降低,用水水平不断提高。2013—2017 年,南海第二水厂管网漏损率从 3.47% 减少到 2.30%,平均降低率为 2.41%。

表 2-4-6　2013—2017 年南海第二水厂管网漏损损率统计

年　份	2013 年	2014 年	2015 年	2016 年	2017 年
供水管网漏损率/(%)	3.47	3.19	1.57	3.03	2.30

自从 2015 年下半年南海供水整合完成后,瀚蓝环境股份有限公司将水损治理作为提升分子公司管理的重要手段,2016 年、2017 年整个公司水损率分别为 14.40%、11.46%,管网漏损率下降 20.4%。2017 年比 2016 年因水损下降而节约水量约 1290 万 m³,瀚蓝环境股份有限公司水损率与全国 654 个城市平均管网漏损率(超过 15%)相比明显偏低。水损治理除了及时发现漏损外,管网改造也是减少管网爆漏、降低水损的重要手段。考虑到镇街供水子公司管网老化严重、质量较差的情况,瀚蓝环境股份有限公司近两年积极投入 8270 万元,运用 GIS 系统、管网模型、热线系统等信息化手段梳理爆漏严重的管道并进行改造,有效改善供水的水质、水压并降低漏损。为确保各分子公司在 2020 年前将水损控制在 10% 以下,下属各分子公司已经制定了 2018—2020 水损治理行动方案,未来除了完善 DMA 分区实施水损管理外,公司将重点放在智慧水务建设,将供水管网 GIS 系统、SCADA 调度系统、供水管网模型、热线系统等数据整合与运用,通过深化信息化应用提高水损治理的水平,同时积极探索水损治理的新模式、新方向,将水损控制在合理水平。

3. 取水与总量控制指标关系合理性分析

根据《2016—2020 年佛山市最严格水资源管理"三条红线"控制指标竞争性分配方案》,佛山市南海区 2017 年用水总量控制指标为 7.8 亿 m³(见表 2-4-7),其中南海第二水厂 2017 年取水总量为 2.60 亿 m³,占南海区 2017 年用水总量控制指标的 33.34%,未超过南海区的用水总量控制指标。

表 2-4-7 佛山市用水总量控制指标 （单位：亿 m³）

区 县 级	2016 年	2017 年	2018 年	2019 年	2020 年
禅城区	2.3	2.25	2.2	2.15	2.1
南海区	8	7.8	7.6	7.5	7.5
顺德区	6.8	7	7	7	7
高明区	3.3	3.3	3.3	3.3	3.3
三水区	4	4	4	4	4
五区合计	24.4	24.35	24.1	23.95	23.9
佛山市	30.52	30.52	30.52	30.52	30.52

根据《佛山市水务局关于报送我市县级行政区 2020 年水资源管理"三条红线"控制目标的函》（佛市水务函〔2016〕136 号），省政府下达给佛山市 2020 年全市用水总量控制目标值 30.52 亿 m³，佛山市在预留一定水量作为全市储备水量指标用于竞争性分配外，其余指标根据各区 2015 年的用水总量、用水效率等因素予以分解。鉴于现时与 2030 年相距尚远，五区 2020 年后的用水总量控制目标，届时根据实际情况另行制定。

佛山市用水指标的分解深入贯彻落实"节水优先、空间均衡、系统治理、两手发力"的治水思路，按照建设生态文明和资源节约型、环境友好型社会的要求，坚持公平性和总量控制原则，对各区的用水总量控制指标进行了合理分配。2020 年和 2030 年佛山市用水总量控制指标分别为 30.52 亿 m³ 和 30.52 亿 m³，与 2015 年 39.6 亿 m³ 相比减少较多。南海区 2016—2020 年用水总量控制指标分别为 8 亿 m³、7.8 亿 m³、7.6 亿 m³、7.5 亿 m³、7.5 亿 m³，与 2015 年 14 亿 m³ 相比减少 44% 左右。根据 2013—2017 年南海水厂取水总量趋势分析，水厂取水总量略有增长并趋于稳定，取水总量占南海区用水总量控制指标 30%～40%，预测南海第二水厂 2020 年和 2030 年取水总量最大为 3.65 亿 m³，总取水量不会超出南海区水量控制指标，占 2020 年和 2030 年南海区用水总量控制指标比重变化也不大。南海区第二水厂实际取水量较为合理。

4. 取用水量与来水量、供水规模的关系分析

佛山市属亚热带季风性湿润气候区，气候温和，雨量充足。由于地处低纬，海洋和陆地天气系统均对佛山有明显影响，冬夏季风的交替是佛山季风气候突出的特征：冬春多偏北风，夏季多偏南风。冬季的偏北风因极地大陆气团向南伸展而形成，干燥寒冷；夏季偏南风因热带海洋气团向北扩张所形成，温暖潮湿。年平均气温 22.5 ℃，1 月最冷，平均气温 13.9 ℃，7 月最热，平均气温 29.2 ℃；年降雨量 1681.2 mm（三水 1688.7 mm，南海 1677.4 mm，顺德 1677.6 mm），西部和北部丘陵山地因地形抬升作用而稍多，年平均雨日 146.5 d。雨季集中在 4～9 月，其间降雨量约占全年总降雨量的 80%，夏季降水不均，旱涝无定，秋冬雨水明显减少。日照时数达 1629.1 h，作物生长期长。近年来，佛山市降水量逐年虽有所减少，但高于全市平均年降雨量 1681.2 mm，其中 2017 年较常年平均水平高 6.1%。全市水量丰富，供水水量水质具有极大保障，能够满足佛山市各区，包括南海区南海第二水厂取用水要求。

南海区属亚热带季风性湿润气候区，具有气候温和、阳光充足、雨量充沛等特点。多年平均降雨量为 1454.5 mm,4~9 月为多雨期,降雨量占全年的 81.1%,降雨年际变化也比较大。近年来,南海区降水量逐年增加,均高于全区平均年降雨量,其中 2016 年较多年平均水平高偏 51.98%。南海区有丰富的过境客水,水资源量充足,全区供水水量水质具有极大保障,能够满足南海区各水厂取用水要求。

2013—2017 年南海第二水厂目前共设置有 2 个取水口,其中一二期工程共用一个取水口,三四期工程共用一个取水口。根据《南海第二水厂扩建工程(50 万 m³/d)水资源论证报告书》(报批本),本项目取水地点位于珠江三角洲北江干流东平水道,在南海第二水厂已有取水口下游 70 m 处,因思贤滘的分流作用,取水地点河道径流不仅来自北江,在部分时段有相当部分来自西江。西江经思贤滘进入北江下游的流量平均达到 100 m³/s,同时,本地区受潮汐影响,为感潮河段,水流表现为往复流。本项目日取水量 100 万 m³,折合取水流量为 11.57% m³/s,至 2020 年,取水断面来水量可达到 526.69 m³/s,取水流量只占来水量的 2.2%,取水断面来水量完全能满足南海第二水厂取水要求。

由表 2-4-8 可知,南海第二水厂年取水总量主要与供水范围及供水人口有关,随着供水人口的增加,取水量有所增加。随着经济的快速增长和城市发展水平的提高,南海区城市综合用水量指标呈逐年上升趋势,且上升幅度较大,尤其是北江以北区域。近年来南海第二水厂供水量和人均综合日用水量逐年增加,但变化幅度相对较小,主要是由于南海区严格控制水资源量使用,这与近年来国家大力提倡计划用水管理、水资源管理考核、节水型社会建设等方针措施相符。

表 2-4-8　南海第二水厂年取水量与南海区用水总量控制指标比较

年　　份	2015 年	2016 年	2017 年	2018 年(计划)
南海第二水厂年取水量/(亿 m³)	2.57	2.54	2.60	2.91
南海区用水总量控制指标/(亿 m³)	14	8	7.8	7.6
占比/(%)	18.35	31.71	33.34	38.33

5. 实际取水量与申请、计划取水量关系合理性分析

南海第二水厂每年根据佛山市南海区的发展趋势及市场需求制定水厂的取水计划,瀚蓝环境股份有限公司通过年度取水计划建议表对下一年度的取水量提出申请,珠江委根据《取水许可和水资源费征收管理条例》《计划用水管理办法》等法律法规,并结合上一年度实际取用水量情况、供用水规模等指标,对取水计划进行核定,并下达年度取水计划通知。2017 年,南海第二水厂取水计划由广东省西江流域管理局进行审批下达。2013—2018 年,计划取水量均等于申请取水量。

2013—2017 年南海第二水厂申请与实际年取用水量变化见图 2-4-7,申请取水量与实际取水量对比见表 2-4-9。2013—2017 年申请取水量与实际取水量存在一定差值,且 2013 年、2016 年、2017 年申请取水量与实际取水量差值基本无变化,差值为 3500 万 m³ 左右。2013—2014 年申请取水量无变化,申请取水量与实际取水量差值缩小,但下一年度申请取水量并未根据上一年度实际取水量进行合理调整,2015 年申请取水量等于许可取水量,比 2014 年高 9000 万 m³,比 2015 年实际取水量高 10809 万 m³,差距较大,申请量未遵循实际量的变化趋势,申请量的确定依据存在一定的不合理性;但从 2016 年起,水厂的申请取水量减小,申请取水量与实际取水量的差值逐渐缩小,2018 年申请取水量小于 2017 年。2014 年

10—11 月出现实际取水量大于计划取水量的情况,但超出的水量分别为 41.84 万 m³、4.85 万 m³,主要是由于未考虑一些特殊状况,与计划存在一定的出入,但差距不大。综上所述,计划(申请)取水量的制定逐渐趋于合理。

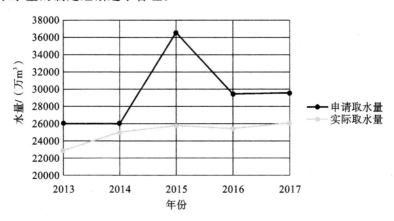

图 2-4-7　2013—2017 年南海第二水厂申请与实际取用水量变化

表 2-4-9 南海第二水厂申请取水量与实际取水量对比

（单位：万 m³）

月份	2013年			2014年			2015年			2016年			2017年			2018年
	申请量	实际量	差额	申请量	实际量	差额	申请量	实际量	差额	申请量	实际量	差额	申请量	实际量	差额	申请量
1	1850	1845.23	4.77	2100	1836.28	263.72	3000	2150	850	2451	2016.61	434.39	2350	1964.24	385.76	2280
2	1700	1355.22	344.79	1600	1470.74	129.26	3000	1812	1188	2066	1623.31	442.69	1799	1752.32	46.68	1850
3	1850	1586.81	263.19	1900	1745.90	154.10	3000	1763	1237	2010	1956.22	53.78	2190	1806.94	383.06	2220
4	2100	1767.03	332.97	2100	2022.15	77.85	3000	2183	817	2489	2060.24	428.76	2276	2045.21	230.79	2360
5	2100	1816.48	283.52	2200	1970.21	229.79	3000	2090	910	2383	2061.94	321.06	2350	2057.82	292.18	2410
6	2300	2075.10	224.90	2300	2274.72	25.28	3100	2327	773	2670	2263.38	406.62	2533	2290.24	242.76	2480
7	2400	2102.08	297.92	2400	2294.58	105.42	3100	2328	772	2670	2235.09	434.91	2644	2335.75	308.25	2620
8	2500	2128.16	371.84	2400	2367.53	32.47	3100	2377	723	2727	2326.81	400.19	2705	2530.28	174.72	2700
9	2500	2137.87	362.13	2400	2348.51	51.49	3100	2294	806	2633	2289.3	343.7	2693	2473.24	219.76	2630
10	2300	2017.67	282.34	2200	2241.84	-41.84	3100	2137	963	2436	2185.37	250.63	2674	2311.85	362.15	2550
11	2200	2056.86	143.14	2200	2204.58	-4.58	3000	2185	815	2491	2232.33	258.67	2680	2330.81	349.19	2530
12	2200	1925.15	274.85	2200	2118.22	81.78	3000	2047	953	2334	2118.62	215.38	2600	2107.7	492.3	2500
总计	26000	22813.65	3186.35	26000	24895.25	1104.746	36500	25691	10809	29360	25369.21	3990.79	29494	26006.4	3487.6	29130

注："申请量"为水厂计划取水量，"实际量"为取水口实际取水量。"差额"为"申请量"减去"实际量"的值。

5　结论及建议

5.1　结论

通过调研总结,重点取用水户和试点取用水户在计划用水管理方面都取得了一定的效果,对流域节用水管理存在一定的指导作用,对取用水户的资源节约有一定的促进作用,带来可观效益。

1.重点取用水户计划用水管理

重点取用水户均制定了系列配套管理制度,并积极配置专业管理人员,逐步提高用水精细化管理水平;通过生产试运行、同行业比较、参考历年资料等方式合理制定取用水计划;定期开展水平衡测试等工作,加强节水改造,提高用水效率;认真执行水行政主管部门下达的用水计划,严格在取水许可证允许的取水总量范围内取水;记录用水情况并建立用水台账,按时上报月度、季度、年度取用水报表;按要求安装计量设施,并及时检查、维护,较好地实现取用水的有效计量、水资源费缴纳等。

在取得成效的基础上,重点取用水户依旧存在取水计量系统存在较多漏洞、年度用水计划的核定下达工作体系不完善、计划用水的监督指导力度不足、计划用水执行机制尚不完善等问题。

2.试点取用水户计划用水管理

佛山市南海区用水需求呈不断增长趋势,在高温天气影响下,城镇生活和生产用水需求量增加,南海第二水厂取水总量逐渐增加,水厂生产能力要求逐渐提高。水厂供水范围内的人口也逐年增加,供水量和人均用水量逐渐增加但变化幅度较小,和南海区发展趋势基本一致,水厂水损率逐渐降低,用水水平不断提高。南海第二水厂每年根据佛山市南海区的发展趋势及市场需求制定水厂的取水计划,按照最严格水资源管理制度及申请取用水量进行过程管理,全区供水水量水质具有极大保障,能够满足南海区各水厂取用水要求,且水厂总取水量未超出南海区水量控制指标。上级水行政主管部门对水厂年度取水计划进行核定,并下达年度取水计划通知,计划取水量等于申请取水量,且计划(申请)取水量的制定逐渐趋于合理。

5.2　建议

1.增强节约用水和计划用水管理意识

应积极响应十九大报告推动绿色发展的理念,加快建立绿色生产和消费的法律制度和政策导向,建立健全绿色低碳循环发展的经济产业体系。推进水资源全面节约和循环利用,响应国家节水行动,降低能耗、物耗,实现生产系统和生活系统循环链接。倡导简约适度、绿色低碳的生产生活方式,反对奢侈浪费和不合理消费,开展创建节约型企业、绿色取用水户。

增强取用水户节水的紧迫感和水忧患意识,唤醒群众珍惜水资源、保护水资源、节约水资源的意识。各纳入计划用水管理的取用水户要充分认识到计划用水的重要性,自觉强化计划用水管理意识,争做计划用水的带头人与先锋模范,严格执行计划用水管理制度,完善节水法规体系,合理确定用水定额指标,自觉不断提升用水水平,提高水资源重复利用率,节约淡水资源。严格执行水费累进加价制度、节水激励机制。加强监督检查,严格管理,对超计划、超定额用水的,按有关规定加价收费,以经济手段促使各计划用水单位科学、合理用水,达到节约用水的目的,形成科学合理的供水节水机制。

(1)各取用水户要密切配合有关行政部门采取必要的措施,积极推动节水工作的进行,建立节水型社会。按照国家标准《节水型企业评价导则》相关要求,严格明确开展企业水平衡测试工作的频率,并将测试结果及时上报水行政主管部门。

(2)应开展中水回用,促进可持续发展,坚持"开源与节流并重,节流优先,治污为本,科学开源,综合利用"的原则,逐步实施污水资源化;推进技术创新与机制创新,促进中水回用的产业化发展。

(3)建议发电取用水户采取相应措施进一步减少耗水量。如尽量提高工业、化学和生活及其他用水的重复利用率、采取循环冷却水高浓缩节水技术、采用浓浆输灰技术代替稀浆输灰技术、干除渣代替水力除渣等节水技术。

2. 完善计量监控体系

计划用水管理的取用水户占整个计划用水管理的绝大部分,各有关水行政主管部门要在督促各取用水户安装、完善取水计量系统的基础上,进一步结合全国水资源监控能力建设等工作,不断加大经费投入,推进取用水户加强取用水计量监控设施建设,完善取水、用水计量监测手段,提高水资源管理信息化水平,改进和提高计划用水的检测方法和评价水平,全面提高计划用水的监控、预警和管理能力,不断提高计量监控率。

对于取用水户,可按照以下几点完善计量系统:①加装完善相应的计量装置,满足《用水单位水计量器具配备和管理通则》中的水计量器具配备要求,对重要用水系统加装计量设施;定期对计量设施进行准确性和可靠性的鉴定,定期维护计量设施,如有损坏,应及时修复。②及时修复有损坏的计量装置,对二级、三级计量装置定期进行校准。③按技术档案要求对电厂取水计量数据进行管理维护,对各计量装置定期进行抄读,做好月度、季度水平衡分析及统计报表工作,以便及时发现并解决用水异常,建议取用水户进一步加强取用水计量设施数据的管理,增加检查维护的频次。④对于生活用水和工业用水,应该分开计量,方便各类用水量的统计。

3. 加强计划用水监督管理力度

取水许可管理部门应加强对重点取用水户取水计划的精细化管理,制定完整的计划用水核定配套方案。对于年际计划取水量变化较大的,要求取用水户提供计划取水量逐年变化的主要原因,补充分析论证申请报告,分析评估各取用水户"计划取水量"的合理性;对于实际取水量远小于许可取水量的取用水户,应要求在取水延续评估工作中进一步核算取水许可量,避免申请取水量与实际取水量差异太大,增强"计划取水量"的合理性。

部分取用水户未能及时上报取用水计划,给水行政主管部门的计划核定下达工作造成了较大的困难。建议制定相关措施,对于不能按照要求申请下一年度取用水量的取用水户,进行通报批评。对计划用水考核指标实施的督查也尤为重要,督查既包括了对取水(用水)

户的用水情况、设施运行、制度执行的巡查,又包括对水务部门执法监督机构行政执法人员执法活动的监督。

4. 继续完善计划用水机制

在水资源论证、取水许可工作中,要求建设单位和编制单位严格明确用水过程,合理制定取用水方案,明确许可取水量,防止后期出现许可取水总量偏小的状况。在用水计量、水平衡测试等工作开展上还需进一步制定可操作性较强的具有约束力的法规制度,在用水过程监督管理上还缺乏明确清晰的监督检查管理计划等,需不断完善有关配套制度。同时,也需针对各种可能出现的特殊情况提出可行的保障措施和可参照的相关制度条款,完善水量考核制度,合理制定取水考核方案,确保对取用水户管理具有指导作用,进一步促进计划用水的精细化管理。

5. 加强计划用水管理信息化建设

加大科研开发力度,运用现代信息手段加强计划用水管理,实现计划用水管理的网络化、信息化、智能化。取用水户用水计划的编制、下达、调整、考核,超计划用水加价收费的自动产生,对取用水户基本信息和水量信息的综合管理,以及信息的发布、查询、统计及打印功能均通过信息系统进行管理,包括用水单位节水编码、单位名称、用水水源、水用途、单位基建情况和经营生产情况,还包括主要用水设施性能参数、使用情况和位置照片;奖惩和其他信息记录,该项功能作为管理辅助,包括获得的荣誉、处罚记录、超计划加价记录和告知单、调整用水申请及审批结果告知单和用水数据上报记录等。实现数据采集的自动化,信息处理的智能化,信息管理的精准化,管理流程的规范化,资源共享的最大化,有效提升计划用水的管理水平。建议取用水户按月将取用水量统计报表与水行政主管部门取用水监测中心的监控数据进行核对,做到数据准确传输,同步监控。

6. 提升管理人员素质

随着国家对节水工作的越来越重视,作为重中之重的计划用水工作将会有更高的要求,更多的用水单位会纳入计划管理。计划用水涉及水平衡测试等技术较强的业务知识,应通过举办培训班,选派管理人员参加专业培训,以提高管理人员的业务水平和管理能力。

同时要积极组织计划用水管理人员深入学习相关法律法规,以学习促进制度的落实;注重业务技能培养,成立学习小组,开展专门培训,向兄弟单位学习,提高财务人员的业务能力和水平;抓好职业道德教育,加强政治理论学习,提升管理人员的自律意识和责任心,从各方面逐步完善。

第三篇

2019 年度珠江流域计划用水管理监督检查报告

前　　言

为落实最严格水资源管理制度,强化用水需求和过程管理,控制用水总量,提高用水效率,水利部于 2014 年 11 月印发了《计划用水管理办法》(水资源〔2014〕360 号),并将计划用水执行情况作为最严格水资源管理制度考核的主要内容之一。为加强流域计划用水管理,促进各取用水户节约用水,建设节水型社会,持续开展珠江流域计划用水管理工作十分必要。

珠江水利委员会作为流域机构,在珠江流域、韩江流域、澜沧江以东国际河流(不含澜沧江)、粤桂沿海诸河和海南省区域内行使法律法规规定的和国务院水行政主管部门授予的水资源管理和监督职责。实施计划用水管理是流域机构职责所在,是严格珠江流域水资源管理的重要措施。为加强流域计划用水管理,2015 年以来持续开展计划用水管理与流域重点取用水户计划用水管理评估工作。主要通过开展流域内计划用水日常监督检查,监督检查流域重点取用水户计划用水管理实施情况,分析典型取用水户取用水计划合理性,总结分析流域重点取用水户计划用水管理制度的执行与落实情况、存在的主要问题,在此基础上,提出推进计划用水管理的具体措施建议,为贯彻落实计划用水管理制度,促进流域节约用水提供管理支撑,提高流域节水型社会建设管理水平,促进水资源可持续利用。

2019 年度根据计划用水管理需求,选取 2019 年取水许可证到期的取用水户共 4 家作为重点取用水户,分析了流域重点取用水户计划用水管理实施情况;选取南海发电一厂有限公司作为试点取用水户,开展典型取用水户取用水计划合理性分析工作,并针对存在的问题提出了建议。该项成果将为贯彻落实计划用水管理制度,促进流域节约用水进一步提供管理支撑。

1　基　本　情　况

1.1　流域概况

1.1.1　自然地理

珠江片地处东经 100°06′~117°18′,北纬 3°41′~26°49′之间,包括珠江流域、韩江流域、澜沧江以东国际河流(不含澜沧江)、粤桂沿海诸河和海南省诸河,国土总面积 65.43 万 km²,涉及的行政区域有云南、贵州、广西、广东、湖南、江西、福建、海南 8 个省(自治区)及香港、澳门 2 个特别行政区。

珠江片北起南岭,与长江流域接壤,南临南海,东起福建玳瑁、博平山山脉,西至云贵高原,西南部与越南、老挝毗邻,有陆地国界线约 2700 km,海岸线长约 5670 km,沿海岛屿众多。地势西北高、东南低,西北部为云贵高原区,海拔 2500 m 左右,中东部为桂粤中低山丘陵盆地区,标高为 100~500 m,东南部为珠江三角洲平原区,高程一般为 -1~10 m。地貌以山地、丘陵为主,约占总面积的 95% 以上,平原盆地较少,不到总面积的 5%,岩溶地貌发育,约占总面积的 1/3。

珠江片地处热带、亚热带季风气候区,气候温和,雨量丰沛。多年平均气温在 14~22 ℃ 之间,最高气温 42.8 ℃,最低气温 -9.8 ℃,多年平均日照时长 1000~2300 h,多年平均相对湿度 70%~80%。年平均降水量多在 800~2500 mm 之间,年内降水主要集中在 4—9 月,约占全年降水量的 80%。珠江片多年平均地表水资源量 5201 亿 m³,2018 年天然径流量 5215.6 亿 m³,地下水资源量 1313.4 亿 m³(地下水资源与地表水资源不重复量 14.7 亿 m³),珠江片 2018 年水资源总量 5230.3 亿 m³。

1.1.2　经济社会

2018 年,珠江片总人口 2.02 亿人,其中城镇人口 1.25 亿人,占总人口的 61.6%,农村人口 0.77 亿人,占总人口的 38.4%。平均人口密度为每平方千米 309 人,高于全国平均水平,但分布极不平衡,西部欠发达地区人口密度小,低于珠江片平均人口密度;东部经济发达地区人口密度大,远高于珠江区平均人口密度。

珠江片国内生产总值(GDP)13.8 万亿元,占全国国内生产总值的 15.0%,人均 GDP 6.83 万元,为全国平均水平的 1.06 倍。区域内经济发展不平衡,下游珠江三角洲地区是全国重要的经济中心之一,人均 GDP 为全国的 2.14 倍。从地区生产总值的内部结构来看,第一、二、三产业增加值比例为 6.5∶41.3∶52.2,产业结构以第三产业为主,第二产业与第三产业的差距较小,第一产业所占的比重很低。第二产业以工业为主,工业增加值 49535.49 亿元,对 GDP 的贡献率达 35.9%,已经形成了以煤炭、电力、钢铁、有色金属、采矿、化工、食品、建材、机械、家用电器、电子、医药、玩具、纺织、服装、造船等轻重工业为基础、和军工企业相结合的工业体系。

珠江片农田有效灌溉面积 6850 万亩,人均农田有效灌溉面积 0.34 亩,有效灌溉率 60.4%,稍高于全国平均水平。流域粮食作物以水稻为主,其次为玉米、小麦和薯类;经济作物以甘蔗、烤烟、黄麻、蚕桑为主,特别是甘蔗生产发展迅速,糖产量约占全国的一半。

1.1.3 供用水情况

2018 年珠江片总供水量 853.5 亿 m³,其中地表水供水量 819.0 亿 m³,占总供水量的 96.0%;地下水供水量 28.5 亿 m³,占总供水量的 3.3%;其他水源供水量 6.0 亿 m³,占总供水量的 0.7%。地表水供水量中,蓄水工程供水量 353.1 亿 m³,引水工程供水量 189.3 亿 m³,提水工程供水量 250.7 亿 m³,调水工程供水量 16.9 亿 m³,人工载运水量 9.0 亿 m³。

2018 年珠江片总用水量 853.5 亿 m³,人均用水量 422 m³,万元地区生产总值(当年价)用水量 62 m³,农田实际灌溉亩均用水量 694 m³,万元工业增加值用水量 34 m³,城镇人均生活用水量(不含城镇公共用水)182 L/d,农村人均生活用水量 118 L/d,用水以农业用水为主,除珠江三角洲外,各地农业用水所占比例均大于 50%。

总用水量中农业用水 507.4 亿 m³,其中农田灌溉用水 445.7 亿 m³,占总用水量的 52.2%,林牧渔畜用水 61.7 亿 m³,占总用水量的 7.2%;工业用水 168.9 亿 m³,占总用水量的 19.8%;居民生活用水 116.0 亿 m³,占总用水量的 13.6%;城镇公共用水 50.5 亿 m³,占总用水量的 5.9%;生态环境用水 10.7 亿 m³,占总用水量的 1.3%。

1980 年至 2018 年的 39 年间,国民经济各部门的用水随着国民经济发展和人民生活水平的提高发生变化,总用水量总体呈现增长态势,在 2010 年达到高峰值(908.0 亿 m³)后近年有所减少,珠江区总用水量从 1980 年的 658.4 亿 m³ 增长到 2018 年的 853.5 亿 m³,增长了 29.6%。在用水量持续增长的同时,用水结构也在不断发生变化,工业和生活用水总体呈增长的趋势,农业用水呈逐年下降的趋势,其中生活用水占总用水的比重由 6.9% 增加到 13.6%,工业用水占总用水的比重由 3.8% 增加到 19.8%。

1.2 项目背景及意义

《水法》《取水许可和水资源费征收管理条例》等法律法规,明确了我国用水计划管理。《水法》第四十七条明确规定:"县级以上地方人民政府发展计划主管部门会同同级水行政主管部门,根据用水定额、经济技术条件以及水量分配方案确定的可供本行政区域使用的水量,制定年度用水计划,对本行政区域内的年度用水实行总量控制"。随着我国水资源供需矛盾问题日益突出,2012 年国务院正式颁布了《关于实行最严格水资源管理制度的意见》,其中第十一条明确指出"对纳入取水许可管理的单位和其他用水大户实行计划用水管理,建立用水单位重点监控名录,强化用水监控管理",计划用水管理作为用水需求和用水过程管理的重要手段,其地位和作用日益凸显。2013 年水利部 1 号文件《水利部关于加快推进水生态文明建设工作的意见》(水资源〔2013〕1 号)中关于落实最严格水资源管理制度方面指出,加快制定区域、行业和用水产品的用水效率指标体系,加强用水定额和计划用水管理。为进一步提高计划用水管理规范化精细化水平,2014 年 11 月,水利部正式印发了《计划用水管理办法》,进一步明确了计划用水管理的对象、主要管理内容与管理程序等。

2016 年 1 月水利部印发的《2015 年度实行最严格水资源管理制度考核工作方案的函》（水资源函〔2016〕50 号）将计划用水执行情况作为 2015 年度最严格水资源管理制度考核的主要内容之一。2016 年 12 月，水利部联合国家发改委等 9 部门印发了《"十三五"实行最严格水资源管理制度考核工作实施方案》（水资源〔2016〕463 号），明确用水定额、计划用水和节水管理制度是考核内容之一。2017 年 2 月水利部印发的《水利部关于开展 2016 年度实行最严格水资源管理制度考核工作的通知》（水资源函〔2017〕24 号）依旧将计划用水执行情况作为 2016 年度最严格水资源管理制度考核的主要内容之一。2019 全国水利工作会议上，鄂竟平部长提出要建立科学的节水标准和定额指标体系，对是否充分节水作出判断，并通过完备的计量监测体系，严格用水总量和计划用水管理，对用水浪费的行为进行约束。

计划用水是合理开发利用水资源和提高水资源使用效益的有效途径，是落实最严格水资源管理制度的基本要求，是推进节水型社会建设的制度保障。只有实现计划用水，才能全面推进水资源节约，提高水资源的利用效率和效益，加强水源地保护和用水总量管理，建设节水型社会，实现水资源的循环利用。加强流域计划用水管理，进一步了解流域取用水户计划用水管理现状及存在的主要问题，提出切实执行好用水计划管理的相关措施建议，能为完善流域取用水户计划用水管理、落实最严格水资源管理制度奠定坚实的基础，促进珠江流域绿色发展。

珠江委高度重视计划用水工作，2015 年以来重点开展了计划用水监督管理工作。2019 年工作包括四个方面的内容：计划用水日常监督检查；重点取用水户计划用水管理实施情况监督检查；典型取用水户年度取用水计划合理性分析；计划用水管理培训工作。

2 目标与任务

2.1 工作范围

本次工作范围为珠江委管理范围,包括珠江流域、韩江流域、澜沧江以东国际河流(不含澜沧江)、粤桂沿海诸河和海南岛及南海各岛诸河等水系,总面积 65.43 万 km²。重点研究区域为云南、贵州、广西、广东与海南五省(自治区)。

2.2 工作目标

通过本项目的实施,开展流域内计划用水日常监督检查工作,监督检查流域重点取用水户计划用水管理实施情况,分析典型取用水户取用水计划合理性,为贯彻落实计划用水管理制度,促进流域节约用水提供管理支撑,提高流域节水型社会建设管理水平,促进水资源可持续利用。

2.3 主要任务

根据项目实施方案,项目主要工作任务分为四部分。

1. 计划用水日常监督检查

对流域内相关省区市计划用水制定、下达等情况进行日常监督检查,全面统计流域内省区计划用水情况。

2. 重点取用水户计划用水管理实施情况监督检查

在珠江委发放许可证的取用水户中,根据取水规模与行业重要性,选取重点取用水户,通过资料收集、调研座谈、现场检查等方式,检查各重点取用水对象计划用水实施情况,了解重点取水对象计划用水申报、下达与执行情况,取用水原始记录情况及用水台账建立情况,了解计量设施安装、检查、维护情况等。

3. 典型取用水户年度取用水计划合理性分析

在选取的重点取用水户中,选取具有代表性的取用水对象作为典型取用水户,结合监督所搜集的资料,调查了解典型取用水户近年实际生产、实际取用水和用水效率情况,对典型取用水户的年度取用水计划进行合理性分析。

4. 计划用水管理培训工作

组织开展规范计划用水管理技术培训、交流工作,指导和督促各省区市强化计划用水管理。

其中,计划用水管理培训先后组织有关技术人员 30 人次到高校进行水资源管理、计划用水复核等业务培训,并在内部进行水资源相关技术规范讲解培训。

本报告重点针对前三部分工作任务进行编制。

2.4　工作依据

2.4.1　法律法规

(1)《中华人民共和国水法》(2016 年)。

(2)《取水许可和水资源费征收管理条例》(2006 年)。

(3)《取水许可管理办法》(2008 年)。

(4)《建设项目水资源论证管理办法》(2017 年)。

(5)《水资源费征收使用管理办法》(2008 年)。

(6)《计划用水管理办法》(2014 年)。

(7)其他法律法规。

2.4.2　相关规划及文件

(1)《珠江流域及红河水资源综合规划》(2010 年)。

(2)《珠江流域综合规划(2012—2030)》(2013 年)。

(3)《中共中央　国务院关于加快水利改革发展的决定》(中发〔2011〕1 号)。

(4)《国务院关于实行最严格水资源管理制度的意见》(国发〔2012〕3 号)。

(5)《实行最严格水资源管理制度考核办法》(国办发〔2013〕2 号)。

(6)《水利部　发展改革委关于印发〈"十三五"水资源消耗总量和强度双控行动方案〉的通知》(水资源〔2016〕379 号)。

(7)水利部、国家发展改革委员会等 9 部委《关于印发〈"十三五"实行最严格水资源管理制度考核工作实施方案〉的通知》(水资源〔2016〕463 号)。

(8)《水利部关于开展 2019 年度实行最严格水资源管理制度考核工作的通知》(水资管函〔2019〕93 号)。

(9)《珠江委关于委托开展直接发放取水许可证项目计划用水管理工作的函》(珠水政资函〔2017〕587 号)。

(10)《珠江委关于报送 2019 年度取水计划及 2018 年度取水总结的函》(珠水政资函〔2018〕573 号)。

(11)《珠江委关于下达审批发证取水项目 2019 年度取水计划的函》(珠水政资函〔2019〕024 号)。

(12)《2019 年度取水计划下达通知书》(不含红河)(取水(国珠)计〔2019〕1 号至 27 号)。

(13)其他相关文件和技术成果。

3　计划用水管理日常监督检查

3.1　计划用水户概况

根据国家水资源监控能力建设-取水许可登记系统,截至 2019 年 12 月,珠江流域涉及的云南、贵州、广西、广东、海南、湖南、江西、福建等省区各级(包括珠江水利委员会以及省市县三级)水行政主管部门共计发放取水许可证约 5.56 万件,许可年取水量约 4.70 万亿 m^3,河道外许可年取水量约 1054.64 亿 m^3。珠江流域各级水行政主管部门发放取水许可证基本情况见表 3-3-1。

表 3-3-1　各级水行政主管部门发放取水许可证基本情况

行 政 分 区	许可证个数	年取水量/(亿 m^3)	其中河道外年取水量/(亿 m^3)
珠江委	99	5758.57	109.88
云南省	7484	1900.29	69.24
贵州省	5168	1493.62	47.73
广西区	5812	5960.71	198.44
广东省	13074	7162.67	273.92
海南省	1018	334.07	40.64
湖南省	11098	14549.13	81.47
江西省	4247	3297.15	146.52
福建省	7580	6532.76	86.79
合计	55580	46988.99	1054.64

珠江水利委员会(以下简称珠江委)以及云南、贵州、广西、广东、海南、湖南、江西、福建等省区水利(水务)厅共计发放取水许可证 592 件,许可年取水量 1.66 万亿 m^3,珠江流域厅级水行政主管部门发放取水许可证基本情况见表 3-3-2。

表 3-3-2　厅级水行政主管部门发放取水许可证基本情况表

行 政 分 区	许可证个数	年取水量/(亿 m^3)	其中河道外年取水量/(亿 m^3)
珠江委本级	99	5758.57	109.88
云南省本级	25	428.66	2.41
贵州省本级	122	454.51	20.31
广西区本级	86	1311.91	77.15
广东省本级	52	491.13	102.53
海南省本级	46	62.82	20.04
湖南省本级	106	7091.95	32.95

行政分区	许可证个数	年取水量/(亿 m³)	其中河道外年取水量/(亿 m³)
江西省本级	31	359.58	41.57
福建省本级	25	937.95	47.76
合计	592	16897.08	454.61

3.2　计划用水管理总体情况

按照《计划用水管理办法》规定,珠江流域内各级水行政主管部门结合流域用水管理的实际,陆续开展了本辖区内计划用水管理工作,均采取了多种形式执行计划用水管理。

3.2.1　珠江委计划用水管理

近年来,珠江委依照《取水许可管理办法》《计划用水管理办法》等法律法规规定和水利部授予的权限,做好计划用水管理各项工作,包括组织取用水户申报年度用水计划建议、对用水计划建议进行审核,合理核定计划用水量并下达用水计划,开展计划用水监督检查。为进一步加强计划用水管理工作,2019年3月,珠江委下发《珠江委关于调整委机关内设机构的通知》(珠水人事〔2019〕057号),成立水资源节约与保护处,组织指导流域计划用水、节约用水工作。

珠江委实行精细化管理,结合流域取用水户实际,优化设计完善了一整套取水计划申报、总结表格,包括《年度取水计划建议表》《季度取水计划建议表》《季度取水情况表》《调整年度取水计划建议表》《年度取水情况总结表》等。每年年底,珠江委及时组织取水户报送年度取水总结和下一年度取水计划建议,根据申报建议,珠江委通过分析取用水户近年实际用水情况,结合国家和地方用水定额管理要求,合理核定年度计划取水量,并于1月31日前正式行文下达给各取用水户。2017年以前,珠江委计划用水管理对象为直接发放取水许可证的取水户。之后,根据流域取水许可管理实际和水资源管理需求,引调水工程、水利水电工程、省际边界河流建设项目计划用水管理工作仍由珠江委直接管理,其余项目计划用水相关管理工作委托给相应省级水行政主管部门承担。2017年11月15日,珠江委向云南、贵州、广西、广东、海南省(自治区)水利(水务)厅下发了《珠江委关于委托开展直接发放取水许可证项目计划用水管理工作的函》(珠水政资函〔2017〕587号)。委托要求主要包括:各省自治区要定期(季度)向珠江委报送项目取水总结、年底报年度取水总结,水资源费征收情况尤其是超计划征收水资源费情况,每年1月31日前下达取水计划,3月底前将委托项目用水计划管理情况和本年度用水计划核定备案情况报送珠江委。

目前珠江委直接发证的93个项目(不含国际河流)中,珠江委直管28个取水户,65个委托地方管理(见表3-3-3～表3-3-4)。珠江委核定2019年取水计划的主要原则是:①对申请水量未超取水许可多年平均值的(共20家),按申请水量下达计划;②对申请水量超取水许可多年平均值的(共7家:乐滩水电站、龙滩水电站、天生桥二级水电站、那吉航运枢纽、普梯二级水电站、长洲水利枢纽、飞来峡水利枢纽),考虑到近几年流域内主要河流来水量相对偏丰,而取水许可量为多年平均值,拟按照申请水量下达计划;③对未按要求报送取水计划建议的(共5家:红岭水利枢纽、董箐水电站、大广坝水电站、光照水电站、平班水电站),拟按照取水许可量下达计划。2019年1月下发了《珠江委关于下达审批发证取水项目2019年度取水计划的函》（〔2019〕024号），对珠江水利委员会发证的取水单位下达了《2019年度取水计划下达通知书》（不含红河）（取水（国珠）计〔2019〕1号至27号）。

珠江委委托地方下达取水计划的取用水户核定原则主要是：取水计划下达量不超过前三年实际取水量平均值120%，若存在特殊情况需增加取水量超过前三年实际取水量平均值120%的，取用水户须提交相关说明材料，水行政主管部门认为合理的，允许增加计划取水量。各省（区）水行政主管部门下达计划后抄送珠江委，珠江委不复核。

用水计划下达后，珠江委加强计划用水监督管理。结合取水许可监督检查，一方面对珠江委直管取水户的用水计划落实情况进行监督检查，对超计划的要求严格执行超计划累进加价收费制度，并选取典型，开展原因分析，查找问题，提出具体措施建议。另一方面对委托地方管理项目以及省区发证项目的计划用水情况进行监督检查。

表3-3-3　珠江委直接发放取水许可证项目计划用水管理委托清单

序号	取水许可证编号	所在省（区、市）	取水权人名称	审批取水量/（万 m³）	2019年计划取水量/（万 m³）
1	取水国珠字〔2017〕第00010号	云南	云南华电巡检司发电有限公司	1041.5	560
2	取水国珠字〔2017〕第00003号	云南	国电开远发电有限公司	950.4	950
3	取水国珠字〔2014〕第00016号	云南	云南滇东雨汪能源有限公司	2059	1850
4	取水国珠字〔2013〕第00012号	云南	华能云南滇东能源有限责任公司	3208	1400
5	取水国珠字〔2013〕第00011号	云南	云南大唐国际红河发电有限责任公司	1398	600
6	取水国珠字〔2013〕第00008号	云南	国投曲靖发电有限公司	2223	702
7	取水国珠字〔2019〕第00005号	贵州	兴义黄泥河发电有限责任公司	304000	
8	取水国珠字〔2018〕第00014号	贵州	贵州兴义电力发展有限公司（兴义电厂新建工程）	1761.73	1600
9	取水国珠字〔2018〕第00006号	贵州	国投盘江发电有限公司	849.09	遗漏
10	取水国珠字〔2017〕第00001号	贵州	贵州粤黔电力有限责任公司	3446.2	2500
11	取水国珠字〔2016〕第00003号	贵州	贵州盘江电投发电有限公司（盘县电厂）	2105.7	1763.33
12	取水国珠字〔2013〕第00015号	贵州	大唐贵州发耳发电有限公司	3154	2420
13	取水国珠字〔2018〕第00011号	广西	广西防城港核电有限公司	205.3	205
14	取水国珠字〔2018〕第00008号	广西	神华国华广投（柳州）发电有限责任公司	1250.6	1000
15	取水国珠字〔2017〕第00009号	广西	中电广西防城港电力有限公司	200	200
16	取水国珠字〔2017〕第00008号	广西	广西金桂浆纸业有限公司	2514	2400
17	取水国珠字〔2017〕第00006号	广西	中国华电集团贵港发电有限公司	72611	70000

续表

序号	取水许可证编号	所在省（区、市）	取水权人名称	审批取水量/（万 m³）	2019年计划取水量/（万 m³）
18	取水国珠字［2015］第00002号	广西	华润电力（贺州）有限公司	2271	2271
19	取水国珠字［2014］第00027号	广西	大唐桂冠合山发电有限公司	78000	50000
20	取水国珠字［2014］第00013号	广西	国电南宁发电有限责任公司	72003.6	70000
21	取水国珠字［2014］第00008号	广西	中国铝业股份有限公司广西分公司	3195	3195
22	取水国珠字［2014］第00003号	广西	广西方元电力股份有限公司	34400	34000
23	取水国珠字［2013］第00020号	广西	靖西华银铝业有限公司	660	600
24	取水国珠字［2013］第00016号	广西	广西华银铝业有限公司	3645.5	2500
25	取水国珠字［2019］第00008号	广东	广东国华粤电台山发电有限公司	136578	
26	取水国珠字［2019］第00001号	广东	广东粤电大埔发电有限公司	1319	
27	取水国珠字［2018］第00010号	广东	佛山恒益发电有限公司	1131	1131
28	取水国珠字［2018］第00009号	广东	韶关市粤华电力有限公司	832.73	602.43
29	取水国珠字［2018］第00007号	广东	瀚蓝环境股份有限公司	36500	30940
30	取水国珠字［2018］第00005号	广东	广州南沙粤海水务有限公司	13593.51	13593.51
31	取水国珠字［2018］第00004号	广东	广东红海湾发电有限公司	553.7	遗漏
32	取水国珠字［2017］第00012号	广东	中山火力发电有限公司	997.7	916
33	取水国珠字［2017］第00011号	广东	阳江核电有限公司	203	203
34	取水国珠字［2017］第00005号	广东	广东省韶关粤江发电有限责任公司	1366	1365
35	取水国珠字［2017］第00004号	广东	清远蓄能发电有限公司	229.7	228.8
36	取水国珠字［2016］第00006号	广东	湛江中粤能源有限公司	61.2	13
37	取水国珠字［2016］第00005号	广东	中山嘉明电力有限公司	32714	29371.05
38	取水国珠字［2015］第00012号	广东	瀚蓝环境股份有限公司	13870	13632
39	取水国珠字［2015］第00011号	广东	广州市自来水公司	36000	36000
40	取水国珠字［2015］第00010号	广东	南海发电一厂有限公司	30628	30628
41	取水国珠字［2015］第00008号	广东	阳江核电有限公司	101.5	101.5
42	取水国珠字［2015］第00006号	广东	国电肇庆热电有限公司	1437	1185
43	取水国珠字［2015］第00005号	广东	广东蓄能发电有限公司	1025.94	1021.38
44	取水国珠字［2015］第00003号	广东	广州市番禺水务股份有限公司	21462	19922
45	取水国珠字［2014］第00029号	广东	阳西海滨电力发展有限公司	524.4	487
46	取水国珠字［2014］第00018号	广东	广州中电荔新电力实业有限公司	17943.2	17943.2
47	取水国珠字［2014］第00017号	广东	珠海水务集团有限公司	46782	41666
48	取水国珠字［2014］第00014号	广东	广州恒运热电（D）厂有限责任公司	41500	41500

序号	取水许可证编号	所在省（区、市）	取水权人名称	审批取水量/（万 m³）	2019年计划取水量/（万 m³）
49	取水国珠字[2014]第00007号	广东	广州华润热电有限公司	1423.9	701
50	取水国珠字[2014]第00006号	广东	中山市供水有限公司	13653	13653
51	取水国珠字[2014]第00005号	广东	惠州蓄能发电有限公司	2714.13	2714.13
52	取水国珠字[2014]第00004号	广东	广州市自来水公司	127750	114784
53	取水国珠字[2014]第00001号	广东	广东宝丽华电力有限公司	2040.8	2040.8
54	取水国珠字[2013]第00019号	广东	佛山市西江供水有限公司	14600	7220
55	取水国珠字[2013]第00018号	广东	深能合和电力（河源）有限公司	1407.64	1127
56	取水国珠字[2013]第00007号	广东	广州珠江天然气发电有限公司	32115	28988
57	取水国珠字[2013]第00006号	广东	广东粤电云河发电有限公司	619	475
58	取水国珠字[2013]第00004号	广东	佛山市顺德区供水有限公司	12775	12775
59	取水国珠字[2013]第00003号	广东	佛山市顺德五沙热电有限公司	40045	39898
60	取水国珠字[2019]第00007号	海南	海南核电有限公司	226	
61	取水国珠字[2019]第00006号	海南	华能海南发电股份有限公司	227890	
62	取水国珠字[2019]第00004号	海南	海南省水利灌区管理局大广坝灌区管理分局	15584	
63	取水国珠字[2019]第00003号	海南	海南省水利灌区管理局大广坝灌区管理分局	81181	
64	取水国珠字[2019]第00002号	海南	海南省水利灌区管理局大广坝灌区管理分局	21248	
65	取水国珠字[2015]第00004号	海南	东方市大广坝高干渠工程管理所	11833	

注：空白处代表2019年许可发证的取用水户还未来得及下达计划；"遗漏"代表省级水行政主管部门遗漏了对该取用水户2019年的计划。

表 3-3-4　珠江委 2019 年度管理取水单位列表

序号	取水项目名称	所在省（区、市）	许可水量/（万 m³）	近三年实际取水量/（万 m³）			2019年申请取水量/（万 m³）	2019年计划取水量/（万 m³）
				2016 年	2017 年	2018 年		
1	鲁布革水电站	云南	384600	367408	324057	331414	307882	307882
2	董箐电站	贵州	1114600	832000	987072	—	—	1114600
3	光照水电站	贵州	799000	550700	688000	—	—	799000
4	马马崖一级水电站	贵州	963000	—	856375	797097.57	855000	855000

续表

序号	取水项目名称	所在省（区、市）	许可水量/(万 m³)	近三年实际取水量/(万 m³)			2019年申请取水量/(万 m³)	2019年计划取水量/(万 m³)
				2016 年	2017 年	2018 年		
5	善泥坡水电站	贵州	311100	—	—	247255.69	306000	306000
6	响水电厂	贵州	179365	148956	157866	152428	150000	150000
7	天生桥一级水电站	贵州	1830000	1473974	1910083	1827372	1524250	1524250
8	普梯二级	贵州	77200	53973.17	69707.73	67254.47	79600	79600
9	普梯一级	贵州	63900	43465.4	52413.47	51847.28	57200	57200
10	南盘江天生桥二级水电站	贵州	1452000	1889097	1823364	1821416	1623600	1623600
11	平班水电站	贵州、广西	1783152	—	1823306	—	—	1783152
12	红水河岩滩水电站	广西	5228900	4952790	4851943	5300448	4764960	4764960
13	长洲水利枢纽工程	广西	11557110	—	10324310	13256740	12432830	12432830
14	红水河桥巩水电站	广西	5924000	3719926	3794091	5782003	4910528	4910528
15	红水河大化水电站	广西	5730000	5050000	4878336	5423936	4651600	4651600
16	红水河乐滩水电站	广西	5385000	5282116	7898900	6000308	6007600	6007600
17	广西南丹县新纳力水电站	广西	105000	102518	92584	90459	95171	95171
18	广西右江那吉航运枢纽	广西	867000	716000	833840	1101030	903700	903700
19	百色水利枢纽	广西	735000	633033.38	766500	1025611	669000	669000
20	红水河龙滩水电站	广西	4834000	4655865	5170922	4876990	4906241	4906241
21	老口水利枢纽	广西	2771300	2359860	2745760	—	—	3330806
22	鱼梁电站	广西	1069100	—	—	1068110	1033000	1033000
23	鱼梁船闸	广西	26300	—	—	1608.56	1720	1720
24	北江飞来峡水利枢纽	广东	1930000	2218698	1734310	1811800	2037572	2037572
25	广东省乐昌峡水利枢纽工程	广东	396000	461109	324740	287237	344562	344562
26	大广坝水利水电枢纽	海南	290000	310560	—	—	—	290000
27	万泉河红岭水利枢纽	海南	98710	—	107120	—	—	98710
28	大隆水利枢纽工程	海南	47800	39182.83	36529.28	37856	47337	47337

注：横杠处代表取用水户未上报数据。

3.2.2　各省区执行情况

流域内各相关省区均十分重视管辖范围内计划用水工作，均相应制定了系列配套法规制度进行管理。针对纳入计划用水管理的取用水户,大部分地区均于每年 12 月底下达第二年度的用水计划或于每年 1 月份下达当年用水计划。下达的用水计划数大多采用取用水户自行申报与省区水行政主管部门核定相结合的方式。每年 11 月份左右,有关省区水行政主管部门组织管辖范围内重点取用水户根据第二年度生产计划上报取用水量申请,主管部门依据取用水户申报数据、取水许可审批值以及该取用水户近三年实际取用水量等情况,结合次年水资源情势宏观判断,合理核定取用水户第二年度用水计划;下达的用水计划以月为单位确定取用水户的逐月计划用水量。

1. 云南省

云南省 2012 年出台了《云南省节约用水条例》,明确规定了计划用水管理的用水单位及计划用水管理的单位年度用水计划的申请、核定、下达等要求,为指导云南省计划用水管理工作提供了重要法律依据与支撑。2015 年 8 月,云南省水利厅下发了《关于转发水利部计划用水管理办法文件的通知》(云水资源〔2015〕28 号),对辖区内取用水户实行计划用水管理,并落实了相关机构和人员,将计划用水管理列入每年常规性工作清单。2016 年开发了"云南省计划用水及取水许可监督管理系统软件",实现对部分取用水户计划用水、取水许可监督管理等工作的电子化统一管理,提高了取水许可监督管理工作的现代化和信息化水平。2017 年公布《非居民用水户实行计划用水与定额管理工作实施办法》,对用水单位下达计划用水指标并进行考核,对超计划用水的单位实行累进加价收费制度,促使各用水单位做到科学、合理和节约用水。2018 年出台《云南省水利厅双随机一公开抽查事项清单》及《云南省水利厅"双随机一公开"抽查工作程序规定》等,通过摇号方式随机抽取抽查主体和检查对象,组织开展了取水许可和水资源费征收情况的随机抽查工作,并将抽查结果公布。2019 年云南省水利厅发布了水资源处(全省节约用水办公室)主要职责,包含了拟订节约用水政策、法规、制度,组织指导计划用水和节约用水工作。2019 年 1 月,云南省水利厅下达 2019 年度取水计划。2019 年 6 月新修订的《云南省用水定额》发布实施。

2. 贵州省

贵州省 2019 年之前计划用水主要执行国家有关制度,做好用水计划下达和计划用水监督检查工作。2019 年 1 月,贵州省水利厅发布节约用水办公室主要职责,其中包含了:拟订节约用水政策,组织编制并协调实施节约用水规划,组织指导计划用水、节约用水工作;组织实施用水总量控制、用水效率控制、计划用水和定额管理制度等。2019 年 1 月下达 2019 年度取水计划。2019 年 3 月,贵州省司法厅、水利厅起草《贵州省节约用水条例(草案)》(以下简称《条例(草案)》),10 月省人民政府 43 次常务会议审议通过,11 月省人大常委会向全省各级国家机关、社会团体、企业事业组织以及公民个人征求修改意见和建议。《条例(草案)》将用水定额、用水计划、计量与监控、水平衡测试、用水统计等制度法治化,强化法律保障。2019 年 11 月对《贵州省用水定额》进行了修订。

3. 广西壮族自治区

2014 年广西水利厅转发了水利部《关于印发〈计划用水管理办法〉的通知》,执行计划用水管理工作。2017 年 3 月,广西水利厅印发了《广西壮族自治区计划用水管理办法的通知》(桂水资源〔2017〕7 号),对计划用水要求做出了详细规定;同年 3 月,人民政府办公厅印发了《广西节约用水管理办法的通知》(桂政办发〔2017〕31 号),提出了节水型社会建设、节水规划、总量控制、用水定额管理、取水计划、用水计划、水平衡测试、用水统计、水资源消费计量、节水设施"三同时"管理、节水产品认证管理、高耗水项目限制制度等管理制度。2018年水利厅加强取水、用水、退水全过程监督管理,落实超计划超定额用水累进加价制度和地下水超采区水资源费征收制度。2018年6月印发《工业行业主要产品用水定额》(DB45/T 678—2017)和《城镇生活用水定额》(DB45/T 679—2017)。2019年1月,广西水利厅发布了水资源处(自治区节约用水办公室)职责,其中包括组织实施计划用水、节约用水和定额管理工作,对珠江委委托和本级审批发证取水项目报送的2019年用水计划进行了核定和下达。3月,广西水利厅发布了《城市供水条例》,要求城市供水工作实行开发水源和计划用水、节约用水相结合。

4. 广东省

2014年,广东省水利厅下发了《关于转发水利部〈计划用水管理办法〉的通知》(粤水资源函〔2014〕1265号),对计划用水要求做出了详细规定,并出台了《广东省用水定额》。2016年2月,省发展改革委、省水利厅、省住房和城乡建设厅联合出台了《关于全面推行和完善非居民用水超定额超计划累进加价制度的指导意见》(粤发改价格〔2015〕805号),全面推进非居民用水大户计划用水和超定额、超计划用水累进加价管理。2017年4月,广东省人民政府第十二届98次常务会议通过并公布《广东省节约用水办法》,要求单位用水实行计划用水,并实施超定额、超计划用水累进加价制度。2018年,广东省水资源管理系统对外公共信息门户进行了完善升级,提供取水许可查询、在线监测水量查询、计划用水办理等服务功能。2019年1月,广东省水利厅发布省节约用水办公室主要职责,其中包含了:拟订节约用水政策,组织编制并协调实施节约用水规划,组织指导计划用水、节约用水工作;组织实施用水总量控制、用水效率控制、计划用水和定额管理制度等。2019年1—2月,广东省韩江局、西江局、北江局、东江局对各自流域管理范围内涉及珠江委发证取水户和省厅发证取水户的用水计划核定下达。同时,对日常监管过程和取水单位填报中发现的问题及时进行反馈。

5. 海南省

2014年海南省水务厅印发了《海南省计划用水管理办法》(琼水资源〔2014〕673号),执行取水计划管理,海口、三亚、儋州等市均按照计划用水管理要求,对市级管理的用水户开展了计划用水管理工作。2017年5月,海南省人民政府办公厅印发《海南省2017年度水污染防治工作计划的通知》(琼府办〔2017〕79号),要求对纳入取水许可管理的单位和其他用水大户实行计划用水管理。2017年制定《海南省用水定额》;出台了《海南省物价局就海南省水务厅关于建立健全城镇非居民用水超定额累进加价制度的指导意见》(琼价价管〔2017〕754号),提出实行计划用水管理,对超过计划部分按年度实行加价收费,超定额超计划累进加价水费由供水企业收取。2019年1月,海南省水务厅将2019年度取水计划印发给各取水单位。2019年7月,海南省水务厅发布水资源与节水管理处主要职责,其中包含了:拟订节约用水政策,组织编制省级节约用水规划,组织指导计划用水、节约用水工作;组织实施用水总量控制、用水效率控制、计划用水和定额管理制度等。

3.3 本年度日常监督检查情况

2019年度,珠江委通过重点监控用水单位监督管理、水资源管理专项监督检查、日常监督检查,开展了水资源管理与节约用水监督检查工作,对有关项目计划用水管理工作开展情况进行抽查检查;利用水利部下达的水资源管理项目经费,开展计划用水项目工作,对委托项目计划用水工作落实情况进行检查;利用国家水资源监控系统,结合现场检查,对有关重点监控用水单位进行监督管理。

2019 年度,珠江委在上年度已开展监督管理工作的用水单位中选取了 4 家上一年度存在问题的用水单位,另根据实际管理工作中的情况,新选取了近几年在水资源监管工作中发现实际取用水过程存在问题的 11 家用水单位,最终确定共对 15 家重点监控用水单位开展监督管理。安排在水资源管理方面有一定技术基础的业务骨干参加检查,成立监督检查小组,工作的重点为落实监督整改,即现场检查复核针对上一年度存在问题的改进情况。监督管理工作内容包括三个方面:对重点监控用水单位主要用水设备、主要生产工艺用水量等用水监控数据进行监督管理;对重点监控用水单位取用水计量设施建设进行监督管理;对重点监控用水单位内部节水管理制度进行监督管理。编制了 2019 年度珠江委重点监控用水单位监督管理总结报告,总结了用水单位存在的问题,主要是取水计量设施安装不规范;未对取水计量设施进行定期校准;未定期开展水平衡测试;超许可取水等,并提出了相关建议。

2019 年 10 月 9 日至 11 月 16 日,珠江委按照《水利部办公厅关于开展 2019 年水资源管理和节约用水监督检查工作的通知》(办监督函〔2019〕1030 号)和《珠江委办公室关于印发 2019 年水资源管理和节约用水监督检查工作方案的通知》(办监督函〔2019〕105 号)的要求,珠江委监督处编制了《2019 年度水资源管理和节约用水监督检查工作资料汇编》,全委共派出 22 个检查组 89 人次,对云南、贵州、广东、广西、海南 5 省(自治区)水资源管理和节约用水情况进行了检查,并编写了 5 省(自治区)检查工作报告,根据检查存在的问题提出了建议。计划用水管理方面主要存在以下问题:①水行政主管部门未按规定下达年度取水计划;②取用水户未被纳入计划用水管理;③取用水户 2018 年度超许可、超计划、超定额取水;④取用水户未按照国家标准安装取用水计量设施,计量设施未按规定通过计量部门检定或核准;⑤取用水户未建立健全用水原始记录和统计台账,取水计量台账建立不规范,未按规定报送用水统计报表;⑥取用水户未依法足额、按期缴纳水资源费(税)。

4　重点取用水户计划用水管理实施情况监督检查

在珠江委发放许可证的取用水户中,2019年取水许可证到期的取用水户共4家,分别是大唐桂冠合山发电有限公司(广西大唐合山电厂(2×330 MW$+670$ MW))、南海发电一厂有限公司(一、二期 2×200 MW$+2\times300$ MW 机组)、兴义市普梯发电有限责任公司(普梯一级水电站)、兴义市普梯发电有限责任公司(普梯二级(犀牛塘)水电站)。根据珠江委工作安排以及对到期取用水户开展取水许可核定与延续管理等要求,参考2019年度珠江委重点监控用水单位名录以及以往检查情况,本次选取上述4家取用水户作为重点对象,开展计划用水管理实施情况监督检查,其中大唐桂冠合山发电有限公司、南海发电一厂有限公司是珠江委2019年度重点监控用水单位。

4.1　工作思路

通过座谈、现场检查、资料收集等方式,了解各重点取用水户计划用水管理制度建立情况,计划用水管理部门和管理人员情况;了解各取用水户用水计划制定方法与申请申报程序;了解各取用水户实际用水量与申请用水量之间的关系;检查各取用水户取用水计量设施安装、检查、维护和用水原始记录情况及用水台账建立情况;了解各取用水户定期开展水平衡测试情况;了解供水企业定期报告供水情况、管网漏损情况和供水管网范围内取用水户的用水情况;了解各取用水户在计划用水执行中存在的问题与困难,对流域计划用水管理的意见建议等。重点取用水户计划用水管理实施情况监督检查技术路线图见图3-4-1。

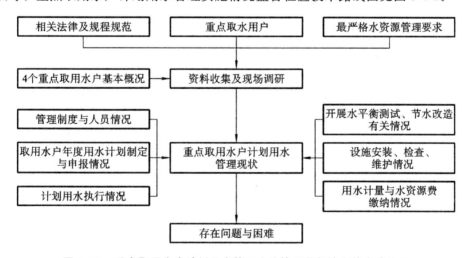

图3-4-1　重点取用水户计划用水管理实施情况监督检查技术路线图

4.2 重点取用水户基本概况

4个重点取用水户基本情况表见表3-4-1,重点取用水户分布图如图3-4-2所示。

表 3-4-1　4个重点取用水户基本情况表

取用水户	所属地区	取水水源	许可取水量	取水有效期限
大唐桂冠合山发电有限公司	广西合山	红水河干流	78000 万 m³	2019 年 11 月 12 日
南海发电一厂有限公司	广东佛山	西江干流	30628 万 m³	2019 年 12 月 31 日
兴义市普梯发电有限责任公司 (普梯一级水电站)	贵州兴义	南盘江二级 支流小黄泥河	63900 万 m³	2019 年 11 月 5 日
兴义市普梯发电有限责任公司 (普梯二级(犀牛塘)水电站)	贵州兴义	南盘江二级 支流小黄泥河	77200 万 m³	2019 年 11 月 5 日

4.2.1 广西大唐合山电厂(2×330 MW＋670 MW)

大唐桂冠合山发电有限公司(广西大唐合山电厂(2×330 MW＋670 MW))位于广西壮族自治区合山市境内,项目设计年利用小时数为 5000 h,设计年发电量为 66.5 亿 kW·h。该项目取水水源为红水河干流来水,取水地点位于红水河干流合山市岭南镇溯河河段,取水方式为提水(泵站)。项目年最大取水许可量为 78000 万 m³,最大取水流量为 36.52 m³/s,日最大取水量 315.5328 万 m³,取水用途为发电取水,水源类型为地表水(见图 3-4-3～图 3-4-6)。取水许可有效期为:2014 年 11 月 13 日至 2019 年 11 月 12 日。

根据《2014 年珠江水利委员会取水许可证》(取水(国珠)字[2014]第 00027 号)及配套取水许可登记表,项目年退水量为 77668 万 m³,仅限于直流供水系统的温排水且取排水温升小于 6 ℃,退水地点为红水河干流合山市岭南镇溯河河段(取水口下游约 50 m)。

2019 年 8 月 28 日,珠江委对大唐桂冠合山发电有限公司(广西大唐合山电厂(2×330 MW＋670 MW))开展现场调研,共 3 人参与调研。

1. 取水计量设施安装、运行情况

广西大唐合山电厂(2×330 MW＋670 MW)已安装取水流量计 5 台,其中一级表 3 台,二级表 2 台。电厂于 2010 年对♯1、♯2 发电机组安装了明渠取水流量计,为配合广西区水利厅的取水户在线监测,于 2014 年 6 月 13 日在 2 条循环水总管(DN1750)安装了流量计(2台一级表),原有流量计拆除;于 2012 年 7 月对♯3 发电机组在循环水总管(DN3000)安装了重庆川仪自动化股份有限公司 MFP3021P111C151ER1411111 电磁流量计(一级表)。♯3 机组在净水站进水管道处安装了 1 台二级表,计量进入机械搅拌澄清池的水量(供全厂除直流冷却水之外的其他工业用水),在斜管入口沉淀池安装了 1 台二级表(见图 3-4-7～图 3-4-12)。

电厂结合国家水资源监控能力建设项目,取水流量系统接入广西区省级取用水户监控系统,进行数据的传输,广西水利厅可通过流量计获得水厂取水量数据。水厂取水和送水流量计按照规范定期检定,确保取用水计量设施正常运行,目前♯3 机组循环水输水总管流量计损坏,已上报当地水利部门并报修。

电厂每个季度都做好《合山电厂工业用水户调查表》《合山电厂工业用水台账表》《取水

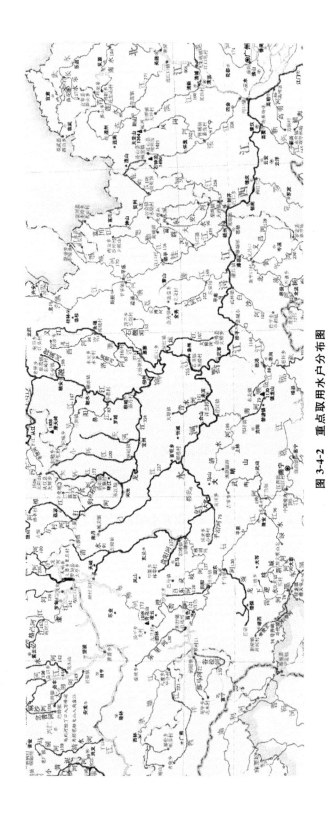

图 3-4-2　重点取用水户分布图

图 3-4-3　大唐桂冠合山发电有限公司

图 3-4-4　大唐桂冠合山发电有限公司取水泵房

图 3-4-5　大唐桂冠合山发电有限公司取水口

图 3-4-6　大唐桂冠合山发电有限公司入河排污口

图 3-4-7　大唐桂冠合山发电有限公司＃1
机组循环水母管流量计

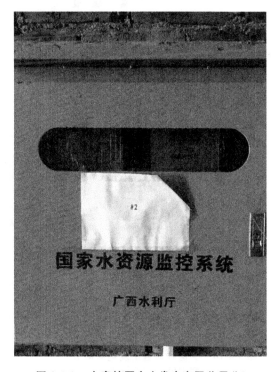

图 3-4-8　大唐桂冠合山发电有限公司＃2
机组循环水母管流量计

考核报表》《季度取水量》的记录,并按照广西水利厅下达的缴费通知单在规定的期限内缴纳每个季度的水资源费(见图 3-4-13)。

2. 节水管理情况

1)技术方面

(1)＃1、＃2 机组。

①＃1、＃2 发电机组的取水泵动力系统采用节能节水的变频调速方式。②采用工业废

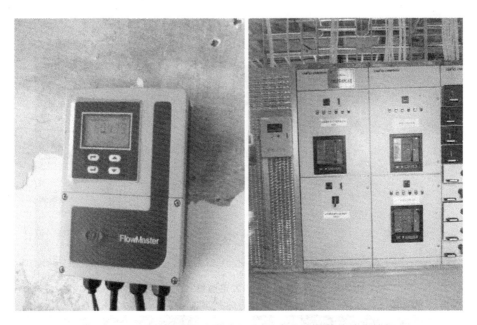

图 3-4-9　♯3 机组电磁流量计数显仪、电磁流量计就地集控柜

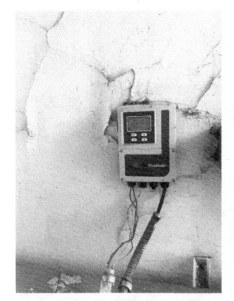

图 3-4-10　大唐桂冠合山发电有限公司斜管入口沉淀池流量计

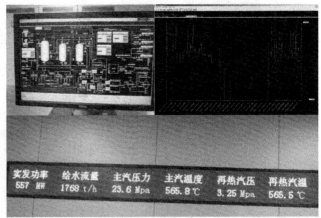

图 3-4-11　取水流量等远程监控系统图

水集中处理站、生活污水处理设施,全厂废污水经分质回用及处理达标完全回用,设计年回用量 126 万 m³。③生活给水系统采用节水型器具。④降温溢流堰留有出口可协助当地政府实施异地综合利用温排水。⑤污废水处理工艺:排水实行雨污分流。直流供水系统温排水全部经过降温处理,电厂其他废污水根据水质特性进行分质回用及处理达标后全部回用,其中脱硫废水经中和、絮凝、沉淀、氧化;含油废水经油污隔离池和高效油水分离器,分别经预处理后排入工业废水集中处理站处理后回用于灰库调湿、煤场喷洒,含煤废水经沉淀池等步骤处理后回用;生活污水经沉淀、生化、消毒等步骤处理后复用于绿化及泵送灰场调湿灰用。

图 3-4-12　♯3 机组净水站超声波流量计图

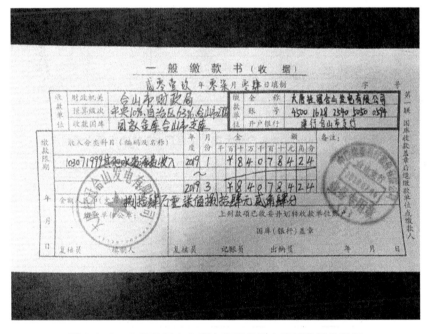

图 3-4-13　大唐桂冠合山发电有限公司水资源费缴纳凭证

（2）♯3 机组。

①收集工业废水进入废水贮存池，经工业废水集中处理系统处理后全部回用于灰库调湿。②脱硫废水经处理后，用于灰库调湿和煤场喷洒。③含油废水经油污隔离池和高效油水分离器处理后，排入工业废水处理系统处理后用于灰渣调湿、煤场喷洒。④含煤废水及煤场雨水经沉淀和粗分离后进入煤水处理装置，清水回用于输煤系统或煤场喷洒。自回用水

池补充耗水。⑤脱硫系统辅机、空气压缩机、密封风机、引风机油站、一次风机油站、空气预热器轴承冷却水进入回用水池,作为脱硫系统工艺、输煤系统冲洗、脱硝系统冷却补充水。⑥锅炉补给水处理系统废水排入工业废水处理系统,经处理后用于灰渣调湿、煤场喷洒。⑦生活给水系统采用节水型器具。污水经处理达标后回用于厂区绿化。⑧采用干式除渣、气力除灰,减少耗水。⑨协助当地政府实施异地综合利用温排水(在带溢流侧堰的排水明渠的末端预埋了 DN260 mm 的管道,为预留综合利用水量的出口,可满足综合利用水量 8.2 m³/s,其中溯河电灌站农灌用水 3.2 m³/s,景观及养殖用水 5.0 m³/s)。⑩建立了化水集控系统与水平衡系统,分质回用或经处理达标回用全部工业、生活废污水。⑪电厂排水采用雨污分流,厂区生产废水、生活污水经分质或经处理达标后完全回用,外排水仅为直流供水系统温排水,废污水处理措施基本为 2×330 MW+670 MW 共用。

2)管理方面

公司设立了奖罚制度促进节水,并制定了《节水管理制度(2018 版)》。

3. 取用水量情况(含直流冷却水)

取用水量情况见表 3-4-2～表 3-4-4。

表 3-4-2 2014—2018 年广西大唐合山电厂♯1、♯2 机组取用水量情况

年 份	发电量/(万 kW·h)	取水量/(万 m³)	单位产品取水量/(m³/MW·h)
2014 年	235355.90	28564.65	121.37
2015 年	87757.63	23318.76	265.72
2016 年	119929.54	15944.99	132.95
2017 年	59466.82	14582.43	245.22
2018 年	7815.74	781.66	100.01

注:2018 年♯1 机组应水利部门要求向合山市电灌站补水,并未发电,故取水量不计入总水量。

表 3-4-3 2014—2018 年广西大唐合山电厂♯3 机组取用水量情况

年 份	发电量/(万 kW·h)	取水量/(万 m³)	单位产品取水量/(m³/MW·h)
2014 年	310839.40	36037.44	115.94
2015 年	256739.00	22495.72	87.62
2016 年	188924.30	13658.17	72.29
2017 年	133092.60	11235.58	84.42
2018 年	240305.00	13180.59	54.85

表 3-4-4 2014—2018 年广西大唐合山电厂取用水量情况

年 份	♯1、♯2 机组取水量/(万 m³)	♯3 机组取水量/(万 m³)	电厂总取水量/(万 m³)
2014 年	28564.65	36037.44	64602.09
2015 年	23318.76	22495.72	45814.48
2016 年	15944.99	13658.17	29603.16
2017 年	14582.43	11235.58	25818.00
2018 年	781.66	13180.59	13962.26

电厂取用水总体呈逐渐减少的趋势,2014—2018年取水量从64602.09万 m³ 减少到13962.29万 m³,年均减少率为31.82%。主要原因是随着社会经济的影响,电厂发电量和机组运行负荷也随之降低,因此,年利用小时数也逐年递减,其次电厂采取了一系列节水措施,总取水量逐年减少。

由于《广西壮族自治区主要行业取(用)水定额》中没有直流冷却水供水系统取水定额,以《广东省用水定额》(DB44/T 1461—2014)作为参照。2014—2018年电厂♯1、♯2机组单位产品取水量指标分别为121.37 m³/(MW·h)、265.72 m³/(MW·h)、132.95 m³/(MW·h)、245.22 m³/(MW·h)、100.01 m³/(MW·h),2014、2016、2018年与《广东省用水定额》电力生产行业中装机容量300 MW级机组(直流冷却水供水系统)单位产品取水量140 m³/(MW·h)的标准相符,2015、2017年机组发电负荷率较低,导致单位产品取水量较高。♯1、♯2机组的单位产品用水量在2015年和2017年出现明显上升异常,这是由于2015年1月♯1机组发电负荷率较低(仅为23.6%),机组运行时间长达333 h,发电量却仅为57962.88 MW·h;♯2机组发电负荷率也较低(57.4%),机组运行时间长达744 h,发电量也只为141068.16 MW·h,机组低负荷长期运行,发电量虽小但用水量并未有明显减少,1月取水量高达14672.13万 m³。2017年1月♯1机组发电负荷率较低(53.6%),机组运行时间长达598.83 h,发电量只有131731.2 MW·h;♯2机组发电负荷率(71%)较低,机组运行时间长达737.5 h,发电量只有175322.88 MW·h,1月取水量高达3754.5259万 m³;2月♯1机组停机,♯2机组发电负荷率较低(75.7%),机组运行时间长达672 h,发电量只有186019.2 MW·h,2月取水量高达5562.9945万 m³;且2017年4月、9月、12月♯1、♯2机组处于停机状态,电厂当月所对应的取水量691.97万 m³、1199.36万 m³、173.03万 m³ 是用于电灌站补水。因此,2015年、2017年单位发电量取水量会明显变大。

♯3机组单位产品取水量指标分别为115.94 m³/(MW·h)、87.62 m³/(MW·h)、72.29 m³/(MW·h)、84.42 m³/(MW·h)、54.85 m³/(MW·h),与《广东省用水定额》电力生产行业中"装机容量600 MW级机组(直流冷却水供水系统)单位产品取水量130 m³/(MW·h)"的标准相符。

4.2.2　南海发电一厂有限公司(一、二期2×200 MW＋2×300 MW机组)

南海发电一厂有限公司(一、二期2×200 MW＋2×300 MW机组)位于广东省佛山市南海区西樵镇,项目设计年利用小时数为6000 h,设计年发电量为53亿kW·h。该项目取水水源为西江干流来水,取水地点为佛山市南海西樵西江干流水道铁牛坦段,取水方式为提水。项目年最大取水许可量为30628万 m³(其中一期29708.5万 m³,二期919.5万 m³),最大取水流量为16.8 m³/s,日最大取水量为145.152万 m³,取水用途为发电取水,水源类型为地表水(见图3-4-14~图3-4-16)。取水许可有效期为:2015年1月1日至2019年12月31日。

根据《2015年珠江水利委员会取水许可证》(取水(国珠)字[2015]第00010号)及配套取水许可登记表,项目年退水量为29316.3万 m³,仅限一期凝汽器及辅机冷却用的温排水,退水地点为佛山南海西樵西江干流水道铁牛坦段(取水口下游400 m)。

南海发电一厂有限公司一期(循环冷却)工程2×200 MW发电机组♯1机组于1996年8月投产,♯2机组于1997年11月投产,一期工程燃烧水泥浆发电,2007年完成"水煤浆带油发电"技术改造,2009 年完成脱硫技改工程,2013 年完成脱硝技改工程。二期(直流冷却)工程 2×300 MW 发电机组♯3 机组于 2010 年 1 月投产,♯4 机组于 2010 年 4 月投产,二期工程利用燃煤发电,2014 年二期开始对周边企业供热。

2019 年 6 月 24 日,珠江委对南海发电一厂有限公司(一、二期 2×200 MW+2×300 MW 机组)开展现场调研,共 4 人参与调研。

图 3-4-14　南海发电一厂有限公司取水口

图 3-4-15　南海发电一厂有限公司取水泵房

图3-4-16　南海发电一厂有限公司退水口

1. 取水计量设施安装、运行情况

南海发电一厂（含一期、二期工程）已安装各级流量计量仪18台，其中一级表5台，二级表4台，三级表5台，四级表4台（见图3-4-17～图3-4-18）。2台一级表安装在厂区总进水管处，用于全厂用水总量的计量；2台一级表用于计量一期♯1、♯2机组循环冷却水；1台一级表用于计量饭堂的自来水用量；4台二级表安装在净水站进水管处；2台三级表分别安装在♯1、♯2机组化学水补水处，♯3、♯4机组化学水补水处；1台三级表用于冷却水塔补水计量；2台三级表分别用于两处工业系统水计量；4台四级表分别安装在♯1、♯2、♯3、♯4锅炉的补水处。

图3-4-17　南海发电一厂有限公司取水口流量计

图 3-4-18 南海发电一厂二期工程进水站流量计

电厂的计量水表为深圳建恒 DCT 流量计、大连优科流量计、重庆川仪流量计、日本横河流量计和美国霍尼韦尔流量计。泵房安装的是 2 台深圳建恒测控股份有限公司生产的 DCT1158-C 超声波流量计,该超声波流量计是采用 SLSI 芯片及低电压宽脉冲发射技术设计的一种通用时差型超声波液体流量计。♯1、♯2 机组循环冷却水安装的 2 台一级表,是由深圳建恒测控股份有限公司生产的 DCT1188-W/DN2000 超声波流量计。净水站的 4 台水表采用大连优科生产的 LDE-400 智能电磁流量计,具有测量精度高、使用寿命长等优点。冷却水塔补水表采用重庆川仪 MFC50158110A105ER1401111 管道式电磁流量计;2 台工业水系统水表采用重庆川仪 MFC30158110A105ER1401111 管道式电磁流量计。一级流量计数显流量显示仪安装在西江取水泵房,系统显示取水累计值及瞬时值,该数显仪具备 RS485 通信功能,采用标准 MODBUS RTU 协议与上位机连接可构成数据采集系统及控制系统,通过加装 GPRS/GSM 无线数据传输模块,便可将数据传送到水行政主管部门取用水监测中心接收设备进行实时监控(见图 3-4-19)。

图 3-4-19 广东省省级取水户监控系统

厂区一、二级水表计量完善,大部分用水系统的水量有仪表计量及在线监控,主要用水环节的用水数据每月有定时监测记录,有专人负责管理用水设备台账。其中西江总管流量计的取水量每月进行读数抄表,该统计报表数据完全符合广东南海发电一厂有限公司向珠江委上报的历年年度取水情况总结表中的相关取水数据。二期工程建有用水技术档案,供排水管网图、水表配备图、2012 年水平衡测试图等项目用水技术档案资料较为齐全,管理规范;企业生产技术档案完备,包含人员、设备、产品、规模、产量、产值等。

电厂对计量设施按时检测与校准,流量计各项参数正常,仪表全年正常运行,近期检测时间为 2018 年 12 月 3 日。各取水管路的流量计都建立有台账,定期由专人现场核查流量计的计量情况。每天有运行人员对流量计数据进行采集,并填入水资源台账。

南海发电一厂有限公司自建成投产起,按期进行取水许可申请及延续取水申请,公司建立了历年的取水台账,每一季度按期按量向广东省西江流域管理局缴纳水资源费(见图 3-4-20~图 3-4-21)。根据相关要求,月取水量超计划不罚款,但季度取水量超计划,则需罚款;公司对取用水超标(量)的责任部门及责任人予以罚款处理(月度、季度),对低于取用水(量)指标的责任部门予以奖励。

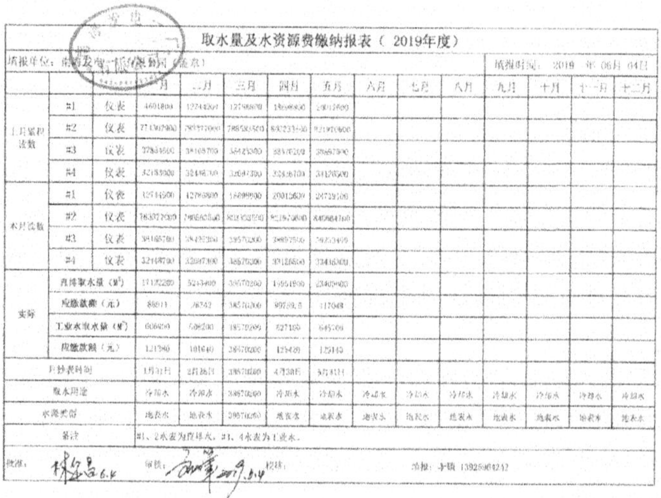

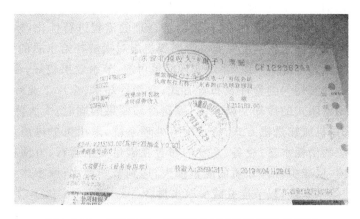

图 3-4-20　南海发电一厂有限公司取水量及水资源费缴纳报表

图 3-4-21　南海发电一厂有限公司水资源费缴纳凭证

2. 节水管理情况

1) 技术改造

2018 年一期 3♯循环水泵进行了双速改造,发电运行部在充分考虑了节水和节能后制订了一期循环水泵运行方式,在不使用网电和取水量不超指标的前提下保持 3♯循环水泵低速运行,达到节能的同时节水的目的。如果 1♯机组单独运行,启动 3♯循环水泵需要使用网电,全月取水量不超标的情况下不启动 3♯循环水泵运行,减少网电的使用。由于采用 3♯循环水泵低速运行,低速运行时 3♯循环水泵电流从高速时的 98A 左右下降至 72A,节能效果明显,同时 3♯循环水泵低速运行,取水量较高速运行时减少了 4000 m^3/h,使全厂取水量明显减少。在保证取水指标不超的前提下,采用灵活的循环水泵运行方式,既保证了机组安全经济运行,又尽量减少循环冷却水取水量。

2018 年设备维修部对一期转机工业冷却水进行了改造,将一期转机工业冷却水回收后打入二期冷却塔,作为冷却塔的补充水源。由于系统原因,最大每小时可回收 100 m^3,二期冷却塔用水每天可以减少约 2400 m^3,节水效果明显。通过回收一期转机工业冷却水,减少了全厂工业取水量,在节水的同时降低了取水费用,同时减少了全厂工业水排污量及排污费用。

2) 工程措施

(1) 运行中根据水源水温和气象条件的季节性变化和机组负荷的增减因素,通过安装自动变频调节、人工调节相结合的方式对冷却水系统进行水量调节。循环水及其他冷却水系统,均采用闭式循环系统。

(2) 对各系统的排水进行分类回收和重复利用。主要包括闭冷水系统循环水、机组水汽循环系统、循环水系统、工业水系统辅机冷却后回用至冷却塔补水、冷却塔排污串联用于输煤、定排坑冷却、脱硫工艺等用水,污水站处理后废水回用至浆厂制水煤浆。冷却塔排水、生活污水、工业废水都进行处理达标后全部回用,除少量的冷却塔排污水外排,电厂的废、污水基本回用。

(3) 对西江总取水口设置了远程在线监控的集控系统。建立了用水三级计量及在线监控的集控系统(化水系统),形成了新水、废水处理、回用的用水平衡体系,全部废污水经处理达标首先充分回用以减少新水补充量。及时清理水泵、输水管道的跑、滴、冒、漏等情况,使各项节水措施得以最终落实。

(4) 其他措施:辅机冷却水采用开式水和闭式水相结合的方式,减少了辅机冷却水用水量及损失;采用机械抽真空系统,保证凝汽器在最佳真空状态下运行,从而使汽轮机的效率保持在最佳状态;各工艺系统因地制宜,按最经济合理的流程进行优化,输煤系统自成独立输煤系统;锅炉补给水根据水质情况和亚临界燃煤机组对锅炉补给水质的要求,针对水源水质的特性,采用一级除盐+混床系统,系统实现简单可靠、节水效果较好;在管道设计中采用动力特性良好、流态分布均匀的管件及布置方式;空调冷却水、全厂工业冷却水系统采用闭式循环系统,并采用密闭式的冷却交换系统,提高冷却效果的同时,大大降低冷却水的消耗水量。除渣系统采用机械输送机方式,渣水配有处理系统,采用机械排渣,渣水进行循环使用,降低了渣水系统的消耗水量;设备、系统的布置在满足安全运行、方便检修的前提下,尽可能做到合理、紧凑,以减少各种介质的能量损失,达到节能节水;原水水泵、工业、生活、消防等水泵采用调速给水系统,以节能并减少取水量。

3) 非工程措施

南海发电一厂有限公司委托有资质单位开展过水平衡测试,进一步加强和完善了厂区用水计量设施与管理、废污水回收系统的运行与管理。电厂积极响应国家及上级部门的号召,切实做好水资源管理,针对水资源的使用制定了《关于生产取用水量指标考核的规定》,各部门严格按规定执行到位。在日常生产过程中根据机组运行实际工况,及时调整设备运行方式,调节循环水冷却水量和工业冷却水量,达到节能减排的目的,加强内部用水管理;制订用水考核,报告汇总,技术监督等制度,加强对主要用水设备的监控调节,针对性地制订出切实可行的节水措施。

3. 取用水量情况

取用水量情况见表3-4-5～表3-4-7。

表3-4-5 2014—2018年南海发电一厂有限公司一期工程取用水量情况

年份	发电量/(万 kW·h)		取水量/(万 m³)		单位发电量取水量/(m³/(MW·h))	总取水量/(万 m³)
		工业	冷却水	不含冷却水	含冷却水	
2014年	193677.04	868.37	22365.51	4.48	119.96	23233.88
2015年	166142	1039.94	30747.09	6.26	191.32	31787.03
2016年	167563	832.17	28675.23	4.97	176.10	29507.4
2017年	180003	340.75	29432.13	1.89	165.40	29772.88
2018年	144934	357.12	25143.05	2.46	175.94	25500.17

表3-4-6 2014—2018年南海发电一厂有限公司二期工程取用水量情况

年　份	发电量/(万 kW·h)	取水量/(万 m³)	单位产品取水量/(m³/(MW·h))
2014年	308914.92	842.38	2.73
2015年	213368	612.71	2.87
2016年	207612	455.71	2.19
2017年	228467	391.87	1.72
2018年	229353	339.7	1.48

表3-4-7 2014—2018年南海发电一厂有限公司取用水量情况

年　份	一期工程取水量/(万 m³)	二期工程取水量/(万 m³)	总取水量/(万 m³)
2014年	23233.88	842.38	24076.26
2015年	31787.03	612.71	32399.75
2016年	29507.4	455.71	29963.11
2017年	29772.88	391.87	30164.75
2018年	25500.17	339.7	25839.87

2014—2018年南海发电一厂有限公司取水量呈现先增加后减少的趋势。电厂采取技改措施与节水措施,水的重复利用率、间接冷却水循环率和废水回用率有所提高,单位产品取水量逐渐降低。

2014—2018 年一期工程单位发电量取水量分别为 4.48 m³/(MW·h)、6.26 m³/(MW·h)、4.97 m³/(MW·h)、1.89 m³/(MW·h)、2.46 m³/(MW·h),高于《取水定额第一部分：火力发电》电厂单位发电量取水定额指标"单机容量＜300 MW,单位发电量取水量≤0.79 m³/(MW·h)"的规定,也高于《广东省用水定额》(DB44/T 1461—2014)"火电单机容量 300 MW 级以下,单位发电量取水量≤0.79 m³/(MW·h)"的规定。单位产品直流冷却水取水量分别为 119.96 m³/(MW·h)、191.32 m³/(MW·h)、176.10 m³/(MW·h)、165.40 m³/(MW·h)、175.94 m³/(MW·h),高于《取水定额第一部分：火力发电》电厂单位发电量取水定额指标"火电(直流冷却)单机容量＜300 MW,单位发电量取水量≤150 m³/(MW·h)"的规定,也高于《广东省用水定额》(DB44/T 1461—2014)"火电(直流冷却)单机容量 300 MW 级以下,单位发电量取水量≤150 m³/(MW·h)"的规定,工程节水水平较低。

2014—2018 年二期工程单位发电量取水量分别为 2.73 m³/(MW·h)、2.87 m³/(MW·h)、2.19 m³/(MW·h)、1.72 m³/(MW·h)、1.48 m³/(MW·h),除 2015 年,均符合《取水定额第一部分：火力发电》(GB/T18916.1—2012)电厂单位发电量取水定额指标"300 MW 级单位发电量取水量≤2.75 m³/(MW·h)"的规定,也符合《广东省用水定额》(DB44/T 1461—2014)"300 MW 级单位发电量取水量≤2.75 m³/(MW·h)"的规定,工程节水水平较高。

4.2.3　兴义市普梯发电有限责任公司(普梯一级水电站)

兴义市普梯发电有限责任公司(普梯一级水电站)位于贵州省兴义市乌沙镇普梯村,电站装机容量为 6000 kW,设计年利用小时数 5300 h,设计多年平均年发电量为 3184 万 kW·h。该项目取水水源为南盘江二级支流小黄泥河,取水地点为贵州省兴义市乌沙镇普梯村小黄泥河段,取水方式为蓄水。项目年最大取水许可量为 63900 万 m³,最大取水流量为 34.6 m³/s,日最大取水量 298.9 万 m³,取水用途为发电取水,水源类型为地表水。取水许可有效期为:2014 年 11 月 6 日至 2019 年 11 月 5 日。

根据《2014 年珠江水利委员会取水许可证》(取水(国珠)字[2014]第 00023 号)及配套取水许可登记表,项目多年平均水力发电尾水退水量为 63900 万 m³,退水地点为坝下河段(坝后式电站)。

2019 年 6 月 27 日,珠江委对普梯一级水电站开展现场调研,共 4 人参与调研。普梯一级水电站水库大坝见图 3-4-22。普梯一级水电站发电机组见图 3-4-23。

图 3-4-22　普梯一级水电站水库大坝

图 3-4-23　普梯一级水电站发电机组

1. 取水计量设施安装、运行情况

普梯一级水电站未安装取水流量计,发电取水量依据电能计量表实测数据推算:发电取水量＝设计引用流量×发电量÷装机容量,即单位发电取水量为 20.76 m³/(kW·h),平均单位电量的取水量为 20.76 m³。电站每日记录水情资料,通过闸门开度计算流量。电站发电进水口安装有四川鲍尔公司 LPB210-A3B/ZR 水位计,发电机出口安装有长沙威盛电子有限公司 DssD331 电能计量表(见图 3-4-24)。普梯一级水电站中控系统如图 3-4-25 所示。

图 3-4-24　普梯一级水电站发电计量表

图 3-4-25　普梯一级水电站中控系统

水电站在发电机出口处安装电度表,用于电站发电统计,也作为电站取水量计量依据,每两年由市电力公司计量管理所进行校检,每天12点进行抄表,每月根据电度表数据进行月报表统计(见图3-4-26),计算当月发电量,作为缴纳水资源费依据。每月由单位分管水资源工作责任人根据水电站报送的电量月报表进行计算,并制表报送贵州省水利厅和云南省水利厅缴纳水资源费。

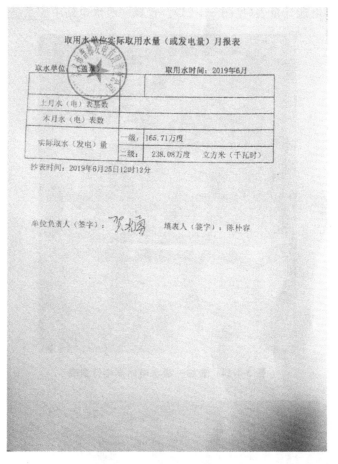

图3-4-26 普梯一级水电站实际取水量月报表

2. 节水管理情况

水电站无节水管理措施,在保证生态流量的前提下,来多少水,发多少电,水库无调节。根据《普梯一级水电站技改工程水资源论证报告书》,普梯一级水电站坝址下游河段最小生态流量为3.88 m³/s。根据电站的调度原则,当上游来水量大于生态流量3.88 m³/s时,结合机组发电运行保证下泄流量不小于3.88 m³/s;当上游来水量小于3.88 m³/s时,结合机组发电按来水下泄。根据实地调查了解,普梯一级水电站大坝至厂房尾水较近,发电期发电水量作为下游生态用水,枯水期来水量较小,不能满足最小发电流量时,通过水轮机下泄生态流量,引水管道长86 m,考虑到发电尾水回流,基本不存在脱水段,不会造成河道断流

水电站生活污水经过化粪池处理后农用。

3. 取用水量情况

取用水量情况见表3-4-8。

表 3-4-8　2015—2018 年普梯一级水电站取用水量情况

年　　份	入库水量/(万 m³)	取水量/(万 m³)	发电量/(万 kW·h)	水量利用系数/(%)
2015 年	123802.2	47096.96	2358.9	38.04
2016 年	92856.06	43465.4	2175.04	46.81
2017 年	112582.06	52413.47	2185.98	46.56
2018 年	108956	51847.28	2361.24	47.59

　　水电站取水总体呈逐渐增长的趋势,2015—2018 年水电站从 47096.96 万 m³ 增加到 51847.28 万 m³,年均增长率为 3.25%,2017 年取水量超出计划取水量 0.41%。水电站的水量利用系数均低于 50%,有逐年增长的趋势,接近设计水量利用系数 51.6%。

4.2.4　兴义市普梯发电有限责任公司(普梯二级(犀牛塘)水电站)

　　兴义市普梯发电有限责任公司(普梯二级(犀牛塘)水电站)位于贵州省兴义市乌沙镇岔江村,电站装机容量为 9500 kW,设计年利用小时 4724 h,设计多年平均年发电量为 4060 万 kW·h。该项目取水水源为南盘江二级支流小黄泥河,取水地点为贵州省兴义市乌沙镇岔江村犀牛塘组小黄泥河段,取水方式为蓄水。项目年最大取水许可量为 77200 万 m³,最大取水流量为 46.8 m³/s,日最大取水量 404.4 万 m³,取水用途为发电取水,水源类型为地表水。取水许可有效期为:2014 年 11 月 6 日至 2019 年 11 月 5 日。

　　根据《2014 年珠江水利委员会取水许可证》(取水(国珠)字[2014]第 00024 号)及配套取水许可登记表,项目多年平均水利发电尾水退水量为 77200 万 m³,退水地点为坝下河段(坝后式电站)。

　　2019 年 6 月 27 日,珠江委对普梯二级水电站开展现场调研,共 4 人参与调研。普梯二级水电站水库大坝见图 3-4-27,普梯二级水电站发电机组见图 3-4-28。

图 3-4-27　普梯二级水电站水库大坝

图 3-4-28　普梯二级水电站发电机组

1. 取水计量设施安装、运行情况

普梯二级水电站未安装取水流量计,发电取水量依据电能计量表实测数据推算:发电取水量=设计引用流量×发电量÷装机容量,即单位发电取水量约为 17.73 m³/(kW·h),平均 1 度电的取水量为 17.73 m³。电站每日记录水情资料,通过闸门开度计算流量。发电进水口,安装有四川鲍尔公司 LPB210-A3B/ZR 水位计,发电机出口,安装有长沙威盛电子有限公司 DssD331 电能计量表(见图 3-4-29～图 3-4-30)。

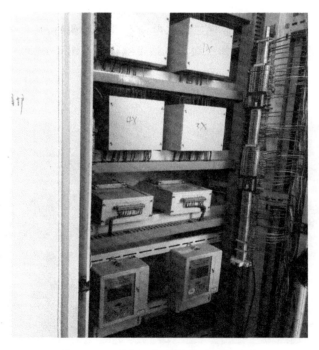

图 3-4-29　普梯二级水电站发电计量表

图 3-4-30 普梯二级水电站中控系统

水电站在发电机出口处安装电度表,用于电站发电统计,也作为电站取水量计量依据,每两年由市电力公司计量管理所进行校检,每天 12 点进行抄表,每月根据电度表数据进行月报表统计(见图 3-4-31),计算当月发电量,作为缴纳水资源费依据。每月由单位分管水资源工作责任人根据水电站报送的电量月报表进行计算,并制表报送贵州省水利厅和云南省水利厅缴纳水资源费。

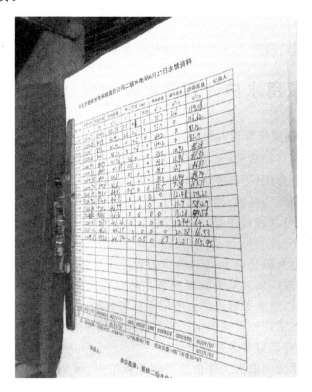

图 3-4-31 普梯二级水电站逐日水情资料

2. 节水管理情况

水电站无节水管理措施,在保证生态流量的前提下,来多少水,发多少电,水库无调节。根据《普梯二级(犀牛塘)水电站技改工程水资源论证报告书》,普梯二级水电站坝址下游河段最小生态流量为 4.27 m³/s。根据电站的调度原则,当上游来水量大于生态流量4.27 m³/s 时,结合机组发电运行保证下泄流量不小于 4.27 m³/s;当上游来水量小于 4.27 m³/s 时,结合机组发电按来水下泄。根据实地调查了解,普梯二级水电站发电期发电水量作为下游生态用水,枯水期来水量较小不能满足最小发电流量时,通过水轮机下泄生态流量,引水管道长 288 m,考虑到发电尾水回流加上水库渗漏,基本不存在脱水段,不会造成河道断流。

水电站生活污水经过化粪池处理后农用。

3. 取用水量情况

取用水量情况见表 3-4-9。

表 3-4-9　2015—2018 年普梯二级水电站取用水量情况

年　　份	入库水量/(万 m³)	取水量/(万 m³)	发电量/(万 kW·h)	水量利用系数/(%)
2015 年	155468.46	73733.35	3516.1	47.43
2016 年	93765.47	53973.17	3150.82	57.56
2017 年	123741.3	69707.73	3436.58	56.33
2018 年	110890	67254.47	3648.9	60.65

水电站取水总体呈逐渐减少的趋势,2015—2018 年水电站从 73733.35 万 m³ 减少到 67254.47 万 m³,年均减少率为 3.02%。主要在于近五年的来水量偏少,年平均来水量为 11.64 亿 m³,较多年平均来水量(12.76 亿 m³)减少约 8.78%。水电站的水量利用系数基本高于 56%,有逐年增长的趋势,接近设计水量利用系数 59.2%。

4.3　重点取用水户计划用水管理现状

1. 计划用水管理制度与管理人员情况

重点取用水户积极贯彻落实《水法》《取水许可和水资源费征收管理条例》《取水许可管理办法》《计划用水管理办法》等有关法律法规与规章制度关于计划用水管理的规定,以流域内各省区制定的法规制度为基础,相应制定了系列配套管理制度,进一步明确计划用水管理的对象、主要管理内容与管理程序等。同时,各取用水户积极配置专业管理人员,逐步提高用水精细化管理的水平。

大唐桂冠合山发电有限公司于 2018 年 6 月制定了《节水管理制度》,水资源管理由设备部环保专责进行管理,电厂加强水务管理和节水的宣传力度,提高全厂人员的节水意识,制定切实可行的规章制度,将水务管理作为电厂运行考核的一项重要指标,使各项节水措施最终得以落实。节水管理工作要贯穿于生产运行的全过程,并加强部门之间、专业之间的密切配合和相互协调,共同开展好节水管理工作。

南海发电一厂有限公司取水工作由公司副总裁主抓,策划安监部设置取水执行经理及专职负责人负责取水工作。电厂针对水资源的使用制定了《关于生产取用水量指标考核的规定》,各部门严格按规定执行,并按上级管理部门要求安排专人负责建立健全了取用水资源台账。

普梯一、二级水电站分别设立了单位负责人、单位分管水资源工作责任人、站长等职务，同时按照环保部门要求，落实日常生活垃圾、生活污水处理。

2. 取用水户年度用水计划制定与申报情况

重点取用水户严格按照批准的年度取水计划用水，按期向审批机关报送本年度的取水总结和下一年度的取水计划，通过生产试运行、同行业比较、参考历年资料等方式，掌握各个生产环节取、用、耗、排水量数据，再根据第二年度生产规模合理制定第二年度取用水计划；制定年度取用水计划后，通过用水计划申请表的方式上报有关水行政主管部门，申请下一年度取用水量。申请表内容包括年计划用水总量、月计划用水量、水源类型和取水用途等。年计划用水、月计划用水的制定严格控制在用水总量控制指标范围内，单位发电取水量不大于许可单位发电取水量。

2017年11月珠江委下达《珠江委关于委托开展直接发放取水许可证项目计划用水管理工作的函》，要求相应省级水行政主管部门需按照有关规定，切实做好相应委托项目的计划用水相关管理工作。各取用水户的年度用水计划制定与申报程序不变，部分取用水户计划下达部门有所改变。大唐桂冠合山发电有限公司的取水计划由广西区水利厅下达；南海发电一厂有限公司取水计划由广东省西江流域管理局下达；普梯一、二级水电站取水计划由珠江委下达。

3. 取用水户开展水平衡测试、节水改造有关情况

重点取用水户在生产过程中，注重加强取用水管理与计划用水管理，掌握生产过程中取、用、耗、排水情况，并通过分析比较不断改进生产工艺，投入资金加强节水改造，提高用水效率。

但在水平衡测试方面，取用水户工作基础较为薄弱。大唐桂冠合山发电有限公司通过3♯号机组A、B循环水泵变频改造后，节电效果明显，节水也有进一步改善，用水量相应减少，但由于资金问题没有开展水平衡测试。由于政府相关部门没有强制性要求企业开展，南海发电一厂只在2012年4月进行了1次水平衡测试；兴义市普梯发电责任有限公司（普梯一级、二级水电站）未开展水平衡测试。

4. 计划用水执行情况

重点取用水户能够执行水行政主管部门下达的用水计划，在取水许可证允许的取水总量范围内取用水，记录用水情况并建立用水台账，按时上报月度、季度、年度取用水报表和管网漏损情况等，各取用水户实际用水量基本小于申请、计划用水量，且控制在许可取水量范围内。

大唐桂冠合山发电有限公司根据广西水利厅取用水规定对于下达的年度取水计划取水，超计划取水的（除水力发电、城市供水企业取水外）对超计划部分按规定累进收取水资源费。如需调整年计划用水总量，向广西水利厅提出用水计划调整建议，并提交计划用水总量增减原因说明和相关证明材料。

广东省西江流域管理局核定下达南海发电一厂有限公司的年度计划用水总量。月计划用水量由电厂根据核定下达的年计划用水总量自行确定，但每月计划用水量不得超过各取水许可证配备的取水许可登记表所明确的月度分配水量。超计划用水量收费采用超额累进加价制度。不调整年计划用水总量，仅调整月计划用水量的，应当自调整之日起10个工作日内重新报广东省西江流域局备案。

普梯一、二级水电站严格按照批准的年度取水计划用水,于每年的 12 月 31 日前向珠江委报送本年度的取水总结和下一年度的取水计划。

5. 用水计量设施安装、检查、维护与水资源费缴纳情况

重点取用水户大部分都建立了完善的计量统计体系,取用水户自身安装有计量设施,并及时检查、检测、维修、更换计量设施,保证计量设施正常运行。较好地实现了取用水的有效计量,水资源费征收也较顺利。同时,取用水户对于安装的节水设施、废污水处理设施、外排水量水设施等能够给予及时的检查与维护、更换,各取用水户根据实际情况,委托相关检测单位或水行政主管部门进行检定,保证各设施能够正常运行。

大唐桂冠合山发电有限公司每个季度都做好《合山电厂工业用水户调查表》《合山电厂工业用水台账表》《取水考核报表》《季度取水量》的记录,并每个季度按照广西水利厅下达的缴费通知单在规定的期限内缴纳水资源费。水资源费缴纳标准是根据《广西壮族自治区物价局财政厅水利厅关于调整我区水资源费征收标准的通知》(桂价费〔2015〕66 号)有关规定,取用水收费标准为每千瓦时 0.001 元。

南海发电一厂有限公司对取水流量监控设备每周巡检 1 次,每一季度按期按量向广东省西江流域管理局缴纳水资源费。普梯一、二级水电站每月由单位分管水资源工作责任人根据水电站报送的电量月报表进行计算,并制表报送贵州省水利厅和云南省水利厅,依照国家技术标准安装计量设施,按每月实际发电量缴纳水资源费。

4.4 存在的问题与困难

1. 取水计量系统存在漏洞

(1) 取水计量设施不完善。部分取用水户计量装置配备不全,未达到《用水单位水计量器具配备和管理通则》中的水计量器具配备要求,且部分二级、三级计量装置从未进行过校准,装置计量数据不准或存在故障,取用水计量设施一旦发生设备故障,必须由指定的维护公司处理,降低了故障的处理效率。目前普梯一级、二级水电站并未安装计量设施,其发电用水量只能通过计算发电机组过流量间接获得,数据的误差无法控制。大唐桂冠合山发电有限公司未安装三级计量装置,且计量装置有损坏的情况,取水计量数据不完善;南海发电一厂有限公司的二、三级水表配备率计量率较低,二级水表配备率 80%、计量率 69.2%,三级配备率 62.5%、计量率 69.5%。

(2) 用水计量监控设施不健全。取用水户虽然安装了计量设施,但计量不准确、计量不及时的情况时有发生,未全面开展实时监控设施建设,计量较为粗放,管理水平不高,部分取用水户甚至存在漏水情况。

2. 用水计划核定下达工作体系不完善

由于监控设施不足,取用水户分布广泛,各地区的用水水平不一等各种原因,现状取用水户年度用水计划的核定缺乏一套完整的核定方案。每年年底,要求取水户上报本年度取水总结和下一年度取水计划,这个过程中工作比较集中,协调工作也较多。由于很多业主并不重视此项工作,且相关人员也不断更换,导致上报的过程有时候比较长,需要反复催促,水行政主管部门处于被动状态。有少部分用户迟迟不报,还有一部分因为涉密,上报和回函都有些困难。

目前没有出台相关规定明确取水计划的核定标准及原则,大多数取用水户以上报数据为依据,在不超过原审批取水量的前提下直接下达年度用水计划。取水计划的核定,主要是对取水计划有没有超许可量,与往年相比有没有明显的调整进行复核。大部分取用水户的计划用水量都上报的比较大,很难进行核减,因此给取水计划的下达工作带来了一定的困难。

3. 计划用水管理能力有待提高

由于水行政主管部门计划用水管理相关工作的人力、物力、财力有限,且缺乏完善的监督管理机制和有效的计量监控手段,水行政主管部门对取用水户的过程监督、管理、指导力度不足。计划用水管理人员力量普遍较为薄弱,管理精细化水平存在差距,地方在下达用水计划时分析不足,程序简单,不能保证管理过程的完全合理。部分取用水户对计划用水管理的工作不够重视,或对计划用水工作的重要性知之甚少,制约了计划用水管理工作水平的进一步提升,同时负责计划用水相关工作人员也分配不足,对计划用水相关管理工作不熟悉,给监督管理中资料收集等工作也带来了一定的困难,例如部分取用水户的取水总结表的取水数据与用户自己统计的数据存在差异,工作经手人员过多,咨询了解过程较为麻烦,且因为数据的差异,对计算成果的精确度也有影响;部分取用水户取水计划建议表和取水总结表等相关资料欠缺,或查找困难,须通过多种渠道获得资料,一定程度上影响了工作效率。

同时,部分取用水户的节水管理工作水平有待进一步提高。例如南海发电一厂有限公司一期用水效率不高,不符合定额标准要求,普梯一级水电站2017年取水量超出计划取水量0.41%。

4. 计划用水执行机制存在缺陷

能源项目一般通过电力调度,计划用水与实际情况存在不符的现象,目前缺乏具体可靠的制度对灵活性较大的取用水户实行管理。取水许可登记表月度分配水量是在取水申请阶段由取水单位根据科研设计预测确定的,常常与项目建成后实际生产运行情况不符,特别是电厂等项目运行受经济、国家宏观调控等影响,每年变化情况较大,将取水申请阶段确定的月度分配水量作为实际运行月计划制定的控制依据不合理,生产过程中会受到发电调度、停机计划等影响,每月实际取水量会有所偏差,由于月取水标的值的限制,月取水计划量不符合企业的实际生产计划。

同时,将月度分配水量作为月计划制定的控制依据,会导致取水户在用水计划建议申报时直接按登记表月度分配申报而不结合实际生产需要,这就导致在实际取水中要经常调整月取水计划。取水户实际运行中要调整月计划用水时,由于受取水许可登记表月度分配水量的限制,往往需要先向珠江委申请调整登记表月度水量分配,省级水行政主管部门再按照珠江委批准的月度水量分配调整计划用水,导致频繁调整登记表,目前广东省也实行了月度计划调整制度。广东省西江流域管理局下达计划的南海发电一厂有限公司和珠江委下达计划的普梯一级、二级水电站均有个别月份实际取水量超出计划取水量的情况,调整申请手续,也增加了企业负担。

5 试点取用水户年度取用水计划合理性分析

5.1 试点选取理由

珠江委开展计划用水管理工作以来,对公共供水项目和水电项目较为关注,曾多次组织调研座谈和监督检查,总结了公共供水项目和水电项目计划用水管理过程中的经验与不足,但在火力发电项目上研究较少。本次拟选取火力发电项目(南海发电一厂有限公司)作为试点,通过其规范化的管理,指导流域其他类型项目计划用水管理工作,主要选取理由如下。

根据珠江委取水许可管理统计,南海发电一厂有限公司近三年平均取水总量 28655.91 万 m³,2019 年核定下达计划量 30628 万 m³,取水规模较大。另据统计,截至 2019 年初,珠江委纳入计划用水管理(包含委托各省管理的)并下发取水计划的用水单位共有 93 个,其中火力发电项目 42 个,占比 45.2%,是电力行业占比最大的行业类型;在 42 个火力发电项目中,广东省共 22 个,其中佛山市 3 个,南海发电一厂有限公司许可取水量占这 3 个项目实际许可取水总量的 42.7%,高于平均水平,随着经济迅速发展,用水量也逐渐增长,从发展的角度考虑,南海发电一厂有限公司为南海区甚至是佛山市发电起到了很大的作用,具有很好的代表性。

5.2 试点工作开展步骤

1. 开展试点取用水户计划用水执行情况调研

在珠江委或流域有关省(区)纳入计划用水管理的取用水户中,综合考虑取用水规模、取用水类型、管理要求等因素,选取南海发电一厂有限公司作为试点取用水户,通过资料收集、调研座谈、现场查看等方式,调查试点取用水户近 5 年实际取用水量、用水效率、用水水平、实际用水量与申请用水量之间关系等情况。

2. 试点取用水户年度取用水计划合理性分析

根据调研与收集到的试点取用水户计划用水执行情况与历年实际取用水量资料,通过纵向与横向对比分析法,分析取用水户取用水趋势、用水水平变化、取水与总量控制指标的关系;采用相关关系法,分析取用水户取用水量与来水量、供水规模的关系,分析用水特点、用水水平发展趋势等。

5.3 试点取用水户基本概况

5.3.1 南海发电一厂有限公司基本情况

佛山市南海区位于珠江三角洲腹地,处于东经 112°51′~113°15′,北纬 22°48′~23°18′之间,紧连广州,辖区面积 1073.8 km²。

南海发电一厂有限公司是广东京信电力集团有限公司全资控股公司,位于佛山市南海区西樵镇新田,是一家火力发电企业,主要产品是电力及热能。企业现有 2 台 200 MW 水煤浆机组、2 台 300 MW 燃煤机组通过四回 220 kV 高压线路接入广东省电网,接受省网统一调度。为佛山、南海持续健康发展区域经济,建设和谐社会提供源源不断的强大动力。

公司现有 2 台 200 MW 燃用水煤浆锅炉汽轮机发电机组,2 台 300 MW 燃煤发电供热机组于 2009 年 6 月扩建,是目前佛山市的主力发电机组。公司一期工程 2×200 MW 发电机组♯1 机组于 1996 年 8 月投产,♯2 机组于 1997 年 11 月投产,2007 年完成"水煤浆代油发电"技术改造,2009 年完成脱硫技改工程。一期工程珠江委发证取水起始日期为 2006 年 9 月 26 日,二期工程取水起始日期为 2011 年 7 月 1 日。

早在 2004 年,公司就从贯彻国家节能减排相关政策,降低发电成本,节约能源消耗,走可持续、清洁生产发展道路,提高企业核心竞争力的战略角度考虑,投入 1.8 亿元进行"水煤浆代油发电"技术改造。该项目于 2005 年 8 月开始,核心工程是将 2 台燃油锅炉改造成新型燃用水煤浆锅炉(670 t/h),现已全部完成。目前,公司一期 2 台锅炉全部都燃用水煤浆,水煤浆是我国能源政策鼓励发展的清洁燃料之一。

南海发电一厂有限公司一期工程冷却系统为直流供水系统,供水水源为西江,建有一座江边开敞式循环水泵房,泵房内除布置 4 台循环水泵外,另布置了 4 台原水取水泵。循环冷却水取水泵型号为 56LKSB-19,额定流量 $Q=15120$ m³/h(约为 4.2 m³/s),扬程 $H=19.5$ m,4 台循环水泵,额定流量 $Q=60480$ m³/h(约为 16.8 m³/s)。循环水泵房从西江取水,经循环水泵升压后,由 2 根 DN1400 的支管输水汇合进入 1 根 DN2200 的进水母管供水至汽机房。

原水泵从西江取水,升压后送入机械加速澄清池,经加药、混合、凝聚、沉淀分离处理。处理后的水一路经滤池后分别进入生水蓄水池和生活水蓄水池;一路进入工业蓄水池。原水通过 2×DN600 钢管送至净化站。一期工程建设的原水升压泵型号为 10LP1-420/22-6,额定流量 $Q=421.2$ m³/h(约为 0.117 m³/s),扬程 $H=22.5$ m,2009 年 10 月,有 3 台原水泵更换为湖南耐普泵业有限公司生产的 450LB-22 立式长轴泵,额定流量 $Q=1700$ m³/h(约为 0.474 m³/s),扬程 $H=22.5$ m,配套电机:$N=160$ kW,$U=380$ V。4 台原水泵额定流量 $Q=421.2$ m³/h+3×1684.8 m³/h=5475.6 m³/h(约为 1.521 m³/s),为一、二期工程(2×200 MW+2×300 MW,二期工程为循环冷却供水系统)共用。取水计量基本按季度、月度人工记录流量计数据。

项目取水许可年均取水量为 30628 万 m³。取水许可有效期为:2015 年 1 月 1 日至 2019 年 12 月 31 日。

5.3.2 计划用水管理执行情况

南海发电一厂有限公司取水工作由公司副总裁经理主抓,策划安监部设置取水执行经理及专职负责人负责取水工作。为积极响应国家及上级部门的号召,切实做好水资源管理,公司针对水资源的使用制定了《关于生产取用水量指标考核的规定》,各部门严格按规定执行,并按上级管理部门要求安排专人负责建立健全了取用水资源台账。

2017 年以前,公司向珠江区申请年度用水计划,2017 年以后,由广东省西江流域管理局下达年度取水计划。按照珠江委批准公司年度许可取水量为 30628 万 m³,2014—2017 年南海发电一厂有限公司取水量呈现先增加后减少的趋势,且计划下达量均等于申请的取水量。公司 2015 年实际用水量为 32399.75 万 m³,超标取水量为 1771.75 万 m³,2016 年一季度许可水量为 5500 万 m³,实际用水量为 5867.72 万 m³,超标取水量为 367.72 万 m³,主要是由于 2016 年 3 月超出计划量 1336.78 万 m³。国家对水资源的用量控制日趋严格,按照政府各项取水规定及公司不断出现取水量超标的情况,经生产各部门专业人员分析并作出了相应的节水措施。

2016 年,公司一期工程机组循环冷却系统共有 4 台循环水泵(每台循泵流量为 15120 m³/小时,电机功率 1000 kW/小时),循环水泵的正常运行方式为:一机两泵(一台机组运行时开两台循泵)、两机三泵(冬、春季)、两机四泵(冬、春季)。若按照以上运行方式,月度及年度用水量将严重超出珠江委下达的计划量,因此,公司主动积极改变循环水泵的运行方式,经对机组的设备系统的运行分析,发现节水最有效的手段是减少循泵的运行台数,根据机组的负荷情况、西江水温度的变化(季节性)情况及机组凝汽器内干净程度等因素,适时减少循泵的运行台数,从而达到节水节电的目的。

因公司设备已使用近 20 年,存在设备陈旧、可靠性低等问题。频繁启停切换循泵运行数量及方式,对机组的正常运行会造成较大的扰动,增大了机组的安全运行的风险(冷却水压力的不稳定、真空度、主机冷油器的油温等都影响主机的安全运行)。公司也要求运行人员必须严格执行循泵启停切换运行的安全措施,严密监视各工况参数的变化,当出现故障跳泵等工况突变的情况时,应迅速准确做出挽救措施,以确保机组的安全运行,对运行人员的技能水平及责任心做出了严格要求。

5.3.4　计量设施安装情况

关于取水计量设施安装运行情况已在报告书 4.2.1 节说明,此处不再重复。

5.3.5　水质监测情况

南海发电一厂有限公司由广东建研环境监测有限公司对工业废水的水质指标进行定期监测,并出具监测结果报告,监测指标均达标(见图 3-5-1)。

5.3.6　试点取用水户计划用水管理经验

南海发电一厂有限公司在日常生产过程中根据机组运行实际工况,及时调整设备运行方式,调节循环水冷却水量和工业冷却水量,达到节能减排的目的,加强内部用水管理:制订用水考核,报告汇总,技术监督等制度,加强对主要用水设备的监控调节,制订出切实可行的节水措施。原办公楼装备的铸铁水龙头全部拆除,更换为全铜镀铬 DN15 的单冷面盆龙头,小便器全部更换为节水感应式。饭堂铸铁水龙头也已全部更换为全铜镀铬的节水龙头。此外,厂方还在运行方面对备用附属设备的冷却水运行方式在保证安全的前提下进行了关小进出口阀门的措施,从而减少流量、节约水资源。

同时,为既能保证机组安全经济运行,又能合理控制生产取用水量,避免取用水量超出给定指标,达到节能、节水、节省水资源费用的目的,特制定了《关于生产取用水量指标考核的规定》。

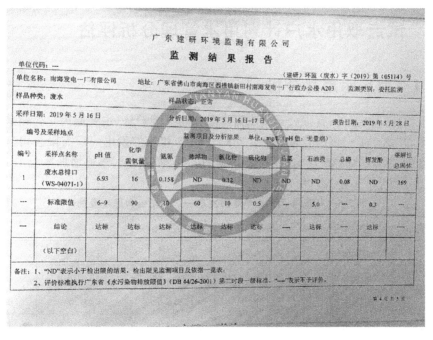

图 3-5-1 南海发电一厂有限公司废水监测结果报告

1. 处罚

对取用水超标(量)的责任部门及责任人予以下考核。

(1)月度取水量超标(量)的,扣罚运行部1000元,设备维修部500元,同时,扣罚运行部副总监、总监助理,设备维修部副总监(或总监助理)各1分。

(2)月度取水量超标(量)20%及以上的,扣罚运行部3000元,设备维修部1000元,策划安监部200元;同时,扣罚运行部副总监、总监助理,设备维修部副总监(或总监助理)各2分。

(3)季度取水量超标(量)的,扣罚运行部6000元,设备维修部2000元,策划安监部400元;同时,扣罚运行部副总监、总监助理,设备维修部副总监(或总监助理)各2分。

(4)年度取水量超标(量)的,扣罚运行部8000元,设备维修部3000元,策划安监部500元;同时,扣罚主管生产副总经理、策划安监部总监各2分、运行部副总监、总监助理、设备维修部副总监或总监助理各3分。

2. 奖励

对低于指标取用水(量)的责任部门予以下奖励。

(1)按指标月度减少用水量5%的,奖励运行部2000元,设备维修部1000元,策划安监部300元。

(2)按指标月度减少用水量10%及以上的,奖励运行部4000元,设备维修部2000元,策划安监部500元。

(3)按指标季度减少用水量10%的,奖励运行部4000元,设备维修部2000元,策划安监部1000元。

(4)按指标年度减少用水量10%及以上的,奖励运行部10000元,设备维修部5000元,策划安监部2000元。

5.4 试点取用水户计划用水管理分析评估

5.4.1 取用水趋势分析

近年来,南海发电一厂有限公司用水需求呈先增后减趋势,主要原因是公司采取了一系列节水措施,并建立了一定的管理制度。2014—2018 年南海发电一厂有限公司呈现先增减后减少的趋势,从 24076.26 万 m³ 逐渐增加到 25839.87 万 m³,年均增加率为 1.78%(见表3-5-1,图 3-5-2)。

表 3-5-1　2014—2018 年南海发电一厂有限公司取水量统计　　　　　　（单位:万 m³）

时　　间	2014 年	2015 年	2016 年	2017 年	2018 年
1 月	2105.98	2323.78	2193.06	1963.29	2311.5
2 月	1321.95	1406.12	337.88	1978.49	996.26
3 月	1612.97	211.46	3336.78	2237.76	1944.44
4 月	1498.04	1760.96	2499.62	2389.57	1850.93
5 月	1436	3141.63	2499.72	2591.12	2494.02
6 月	2367.39	3529.57	2554.45	2797.48	2665.91
7 月	2342.99	3581.8	3116.37	2894.28	2489.92
8 月	2595.99	4166.59	3077.89	2910.94	2075.27
9 月	2139.3	3475.08	2792.4	2755.93	2161.43
10 月	2466.22	3865.76	3060.8	2647.28	2218.47
11 月	2035.59	3022.96	2496.79	2599.07	2411.4
12 月	2153.84	1914.04	1997.35	2399.535	2220.33
总计	24076.26	32399.75	29963.11	30164.75	25839.87

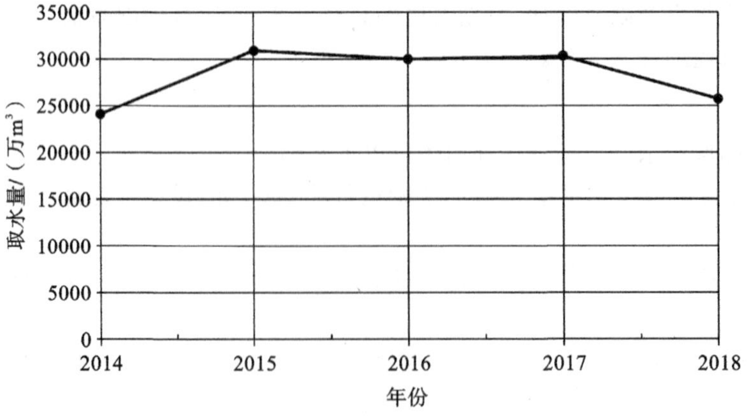

图 3-5-2　2014—2018 年南海发电一厂有限公司取水量变化图

5.4.2　用水水平变化分析

南海发电一厂有限公司取水管网布局合理、维修检测及时,取水计量设施运行情况全年正常运行,1 年至少检定 1 次,对取水流量监控设备每周巡检 1 次;节水设施、废污水处理设施、外排水量水设施也全年正常运行。本次用水水平主要分析单位发电量取水量和单位装机发电取水量。

表 3-5-2　2014—2018 年南海发电一厂有限公司一期工程取用水量情况

年份	发电量/(万 kW·h)	取水量/(万 m³)		单位发电量取水量/(m³/MW·h)		总取水量/(万 m³)
		工业	冷却水	不含冷却水	含冷却水	
2014 年	193677.04	868.37	22365.51	4.48	119.96	23233.88
2015 年	166142	1039.94	30747.09	6.26	191.32	31787.03
2016 年	167563	832.17	28675.23	4.97	176.10	29507.4
2017 年	180003	340.75	29432.13	1.89	165.40	29772.88
2018 年	144934	357.12	25143.05	2.46	175.94	25500.17

表 3-5-3　2014—2018 年南海发电一厂有限公司二期工程取用水量情况

年　份	发电量/(万 kW·h)	取水量/(万 m³)	单位产品取水量/(m³/(MW·h))
2014 年	308914.92	842.38	2.73
2015 年	213368	612.71	2.87
2016 年	207612	455.71	2.19
2017 年	228467	391.87	1.72
2018 年	229353	339.7	1.48

2014—2018 年南海发电一厂有限公司取用水量先增后减,逐步提升了用水效率,电厂经过采取技改措施与节水措施,水的重复利用率、间接冷却水循环率和废水回用率有所提高,根据表 3-5-2~表 3-5-3,电厂单位产品取水量有降低的趋势。但一期工程不符合《取水定额第一部分:火力发电》(GB/T18916.1—2012)电厂单位发电量取水定额指标和《广东省用水定额》(DB44/T 1461—2014)的规定,工程节水水平较低。二期工程除 2015 年,单位产品取水量符合规定,且用水指标呈降低趋势,工程用水水平较高。

电厂所采用的流量计没有最大、最小瞬时流量记录,只有流量累积记录,无实测热季最大取水流量,因此无法计算实际运行期间单位装机容量取水量,参考电厂《南海发电一厂取用水合理性调查与评价报告(2015)》相关数据分析电厂 2008—2014 年的中单位装机容量取水量见表 3-5-4,可知南海电厂一期工程在实际运行过程中单位装机容量取水量在高于《取水定额第 1 部分:火力发电》(GB/T18916.1—2012)中单机容量<300 MW 机组(直流冷却供水系统)装机取水量≤0.19 m³/(s·GW)的要求。二期工程在实际运行过程中单位装机容量取水量低于《取水定额第 1 部分:火力发电》(GB/T18916.1—2012)单机容量<300 MW机组(直流冷却供水系统)装机取水量≤0.77 m³/(s·GW)的定额标准。

表 3-5-4　南海电厂单位装机容量取水量情况表　　　　（单位：m³/s·GW）

年　　　份	2008 年	2009 年	2010 年	2011 年	2012 年	2013 年	2014 年
一期工程	0.38	0.53	0.59	0.69	0.82	0.92	0.85
二期工程				0.63	0.66	0.65	0.54

　　综上分析,南海发电一厂有限公司一期工程用水水平偏低,不符合相关定额标准。主要原因是由于一期工程为 20 世纪 90 年代初设计施工的直流水冷却系统,存在设计用水重复利用率较低等问题。经数次技改后,水的重复利用率、间接冷却水循环率和废水回用率虽有所提高,但仍处于同行业中的偏低水平;此外设备老化严重,用水综合漏失率高达 1.5%,导致电厂一期工程的用水效率整体偏低,用水水平较低。2009 年以后,实施了脱硫改造,供热管网逐步完善,供热量提高,但由于此部分用水未单独计量,而是纳入工业用水量,导致单位产品用水量偏高。二期工程用水水平则处于中等水平。

5.4.3　取水与总量控制指标关系合理性分析

　　根据《2016—2020 年佛山市最严格水资源管理"三条红线"控制指标竞争性分配方案》,佛山市南海区 2018 年用水总量控制指标为 7.6 亿 m³,其中南海发电一厂有限公司 2018 年取水总量为 2.58 亿 m³,占南海区 2018 年用水总量控制指标的 33.95%,未超过南海区的用水总量控制指标。

　　根据《佛山市水务局关于报送我市县级行政区 2020 年水资源管理"三条红线"控制目标的函》(佛市水务函〔2016〕136 号),广东省政府下达给佛山市 2020 年全市用水总量控制目标值 30.52 亿 m³,佛山市在预留一定水量作为全市储备水量指标用于竞争性分配外,其余指标根据各区 2015 年的用水总量、用水效率等因素予以分解。鉴于现时与 2030 年相距尚远,五区 2020 年后的用水总量控制目标,届时根据实际情况另行制定(见表 3-5-5)。

表 3-5-5　佛山市用水总量控制指标　　　　（单位：亿 m³）

区　县　级	2016 年	2017 年	2018 年	2019 年	2020 年
禅城区	2.3	2.25	2.2	2.15	2.1
南海区	8	7.8	7.6	7.5	7.5
顺德区	6.8	7	7	7	7
高明区	3.3	3.3	3.3	3.3	3.3
三水区	4	4	4	4	4
五区合计	24.4	24.35	24.1	23.95	23.9
佛山市	30.52	30.52	30.52	30.52	30.52

　　佛山市用水指标的分解深入贯彻落实"节水优先、空间均衡、系统治理、两手发力"的治水思路,按照建设生态文明和资源节约型、环境友好型社会的要求,坚持公平性和总量控制原则,对各区的用水总量控制指标进行了合理分配。2020 年和 2030 年佛山市用水总量控制指标分别为 30.52 亿 m³ 和 30.52 亿 m³,与 2015 年 39.6 亿 m³ 相比减少较多。南海区 2016—2020 年用水总量控制指标分别为 8、7.8、7.6、7.5、7.5 亿 m³,与 2015 年 14 亿 m³ 相比减少 44% 左右。根据 2014—2018 年南海发电一厂有限公司取水总量趋势分析,水厂取水

总量略有先增后降并趋于稳定,取水总量占南海区用水总量控制指标及南海区用水总量的 34~41%,2016—2018 年占比先增后减,预测南海发电一厂有限公司 2020 年和 2030 年取水总量最大为 3.06 亿 m³,总取水量不会超出南海区水量控制指标,占 2020 年和 2030 年南海区用水总量控制指标比重变化也不大。南海发电一厂有限公司实际取水量较为合理,即便考虑本项目用水量,南海区、佛山市总用水量仍在控制指标之内(见表 3-5-6)。

表 3-5-6　南海发电一厂有限公司年取水量与南海区用水总量控制指标比较

年　　份	2016 年	2017 年	2018 年	2019 年(计划)
南海发电一厂有限公司年取水量(亿 m³)	3.00	3.02	2.58	3.06
南海区用水总量控制指标(亿 m³)	8	7.8	7.6	7.5
占控制指标比例(%)	37.45	38.67	34.00	40.84
南海区年用水量(亿 m³)	7.57	7.48	7.61	
占南海区用水量比例(%)	39.63	40.37	33.95	

5.4.4　取用水量与来水量、供水规模的关系分析

佛山市属亚热带季风性湿润气候区,气候温和,雨量充足。由于地处低纬,海洋和陆地天气系统均对佛山有明显影响,冬夏季风的交替是佛山季风气候突出的特征:冬春多偏北风,夏季多偏南风。冬季的偏北风因极地大陆气团向南伸展而形成,干燥寒冷;夏季偏南风因热带海洋气团向北扩张所形成,温暖潮湿。年平均气温 22.5 ℃,1 月最冷,平均气温 13.9 ℃,7 月最热,平均气温 29.2 ℃;年降雨量 1557.4 mm,西部和北部丘陵山地因地形抬升作用而稍多,年平均雨日 146.5 d。雨季集中在 4—9 月,其间降雨量约占全年总降雨量的 80%,夏季降水不均,旱涝无定,秋冬雨水明显减少。日照时数达 1629.1 h,作物生长期长。近年来,佛山市降水量逐年虽有所减少,但高于全市平均年降雨量,其中 2017 年降雨量 1619.7 mm,南海区 2017 年降雨量 1587.1 mm。全市水量丰富,供水水量水质具有极大保障,能够满足佛山市各区,包括南海区南海发电一厂有限公司取用水要求。

南海区属亚热带季风性湿润气候区,具有气候温和、阳光充足、雨量充沛等特点。多年平均降雨量为 1454.5 mm,4~9 月为多雨期,降雨量占全年的 81.1%,降雨年际变化也比较大。近年来,南海区降水量逐年增加,均高于全区平均年降雨量,其中 2016 年较多年平均偏多 51.98%。南海区有丰富的过境客水,水资源量充足,全区供水水量水质具有极大保障,能够满足南海区各企业取用水要求。

南海发电一厂有限公司目前共设置有 1 个取水口,2 根取水管。本项目取水水源为西江干流来水,取水地点为佛山市南海西樵西江干流水道铁牛坦段,西江水利、水力资源丰富,为沿岸地区的农业灌溉、河运、发电等做出了巨大贡献。厂址上游约 27 km 处设有马口水文站,是西江干流下游的一个重要控制站,由于工程厂址处没有设立水文站,而马口水文站至工程取水口河段距离不远,且无大支流(大于 500 km²)汇入,也没有河汊分流,河道单一稳定,马口水文站的来水可代表工程取水口处的来水,

以三水站＋马口站 1959—2011 年流量系列资料分析不同频率下三水站＋马口站来水量,采用多年平均年控制分流比(即马口分流比 83.56%、三水分流比 16.44%),马口站 97% 频率年平均流量为 4800 m³/s,年径流量为 1513.7 亿 m³,马口站 97% 频率最枯日平均流量

为 576 m³/s,日径流量为 0.50 亿 m³,南海发电一厂年最大取水许可量为 30628 万 m³,占取水口河段 97% 频率最枯年来水径流量的 0.2%。项目取水断面取水量占来水量比例较小,完全能满足南海发电一厂有限公司取水要求。

近年来南海发电一厂有限公司取用水量逐年有增加、也有减少,但变化幅度相对较小,主要是南海区严格控制水资源量使用,这与近年来国家大力提倡计划用水管理、水资源管理考核、节水型社会建设等方针措施相符。

5.4.5 实际取水量与申请、计划取水量关系合理性分析

南海发电一厂有限公司每年根据佛山市南海区的发展趋势及市场需求制定取水计划,通过年度取水计划建议表对下一年度的取水量提出申请,珠江委根据《取水许可和水资源费征收管理条例》《计划用水管理办法》等法律法规,并结合上一年度实际取用水量情况、供用水规模等指标,对取水计划进行核定,并下达年度取水计划通知。2014—2019 年计划取水量均等于申请取水量。

南海发电一厂有限公司申请取水量与实际取水量对比见表 3-5-7。2014—2018 年申请取水量与实际取水量均存在一定差值,但差距不大,主要是由于经济下行导致社会用电量减少,电厂实际年利用小时数均未达到设计年利用小时数,电厂实际发电量小于设计发电量;逐步实行工业冷却水系统改造,设备运行方式优化。其中 2016 年 3 月实际取水量超出计划量 1336.78 万 m³,2018 年 1 月、3 月、4 月、12 月份实际取水量分别超出计划量 511.5 万 m³、444.44 万 m³、50.93 万 m³、420.33 万 m³,主要是由于丰枯水季降雨情况不同,与计划存在一定的出入,计划(申请)取水量的制定按照许可取水量是合理的(见图 3-5-3)。

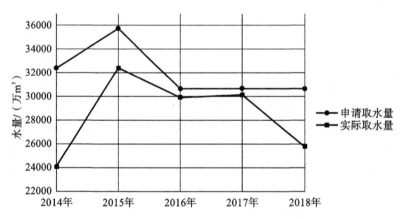

图 3-5-3　2014—2018 年南海发电一厂申请与实际取用水量变化

根据计算,根据电厂近五年实际运行情况,一期工程单位发电量取水量(含直流冷却水)多年平均值为 165.75 m³/(MW·h),3、4 号机组单位发电量取水量 2.20 m³/(MW·h)。一期工程设计发电量为 240 万 MW·h,二期工程设计发电量为 300 万 MW·h。综上所述,南海发电一厂(2×200 MW+2×300 MW)运行年用水量约为 40440 万 m³;电厂近五年的平均取水量为 28488.75 万 m³,与原取水许可证规定最大取水量 30628 万 m³,较为接近。且根据《南海发电一厂有限公司一、二期工程取水许可延续评估报告》,认为原取水许可量 30628 万 m³ 较合理,故本次分析评估认为电厂年取水计划不进行核减。

表 3-5-7　南海发电一厂有限公司申请取水量与实际取水量对比

（单位：万 m³）

年份	2014 年			2015 年			2016 年			2017 年			2018 年			2019 年
月份	申请量	实际量	差额	申请量	实际量	差额	申请量	实际量	差额	申请量	实际量	差额	申请量	实际量	差额	申请量
1	3000	2105.98	894.02	2500	2323.78	176.22	2500	2193.06	306.94	2000	1963.29	36.71	1800	2311.5	−511.5	2000
2	2800	1321.95	1478.05	1500	1406.12	93.88	1000	337.88	662.12	2000	1978.49	21.51	1500	996.26	503.74	2000
3	1800	1612.97	187.03	1500	211.46	1288.54	2000	3336.78	−1336.78	2300	2237.76	62.24	1500	1944.44	−444.44	2300
4	1800	1498.04	301.96	2000	1760.96	239.04	2500	2499.62	0.38	2500	2389.57	110.43	1800	1850.93	−50.93	2500
5	2200	1436	764	3200	3141.63	58.37	2500	2499.72	0.28	2600	2591.12	8.88	3288	2494.02	793.98	2600
6	2800	2367.39	432.61	3600	3529.57	70.43	3125	2554.45	570.55	2800	2797.48	2.52	3288	2665.91	622.09	2800
7	3000	2342.99	657.01	3600	3581.8	18.2	3125	3116.37	8.63	2900	2894.28	5.72	3288	2489.92	798.08	2900
8	3000	2595.99	404.01	4300	4166.59	133.41	3128	3077.89	50.11	2914	2910.94	3.06	3288	2075.27	1212.73	2914
9	3000	2139.3	860.7	4300	3475.08	824.92	3125	2792.4	332.6	2914	2755.93	158.07	3288	2161.43	1126.57	2914
10	3000	2466.22	533.78	4000	3865.76	134.24	3125	3060.8	64.2	2700	2647.28	52.72	3288	2218.47	1069.53	2700
11	3000	2035.59	964.41	3200	3022.96	177.04	2500	2496.79	3.21	2600	2599.07	0.93	2500	2411.4	88.6	2600
12	3000	2153.84	846.16	2025	1914.04	110.96	2000	1997.35	2.65	2400	2399.535	0.465	1800	2220.33	−420.33	2400
总计	32400	24076.26	8323.74	35725	32399.75	3325.25	30628	29963.11	664.89	30628	30164.75	463.25	30628	25839.87	4788.13	30628

注："申请量"为电厂计划取水量。"实际量"为取水口实际取水量。"差额"为"申请量"减去"实际量"的值。

5.4.6　提高用水水平的措施

（1）定期开展水量和水质平衡测试工作，有效地控制排水量和排水的再利用。

（2）进一步加大节水改造力度，减少工业用水，完善节水机制，促进中水回用，挖掘用水潜力，根据实际情况，及时调整电厂各环节用水情况，重点降低一期工程的取水量。优化运行水平，根据机组开停机及负荷的变化，及时调整循环冷却水量、冲灰水量及工业冷却水量，改进循环水系统、除灰系统，达到安全经济运行，尽量降低热力系统补水量。

（3）完善电厂计量统计工作，对各计量装置定期检查，及时修复故障设备；定期对各装置进行抄读，做好月度、季度水平衡分析及统计报表工作，及时发现并解决用水异常，加强对取用水计量设施数据的管理。

（4）加强设备的维护，保障机组运行效率，采用高效的循环冷却水处理技术，提高水资源利用效率。对用水管网进行维护更新，降低用水综合漏失率。

6　结论及建议

6.1　结论

1. 珠江流域计划用水管理情况

珠江流域涉及的省区各级(包括珠江水利委员会以及省市县三级)水行政主管部门共计发放取水许可证约5.56万件。目前珠江委直接发证的93个项目(不含国际河流)中,珠江委直管28个取水户,65个委托地方管理。按照《计划用水管理办法》规定,珠江流域内各级水行政主管部门结合流域用水管理的实际,陆续开展了本辖区内计划用水管理工作,均采取了多种形式执行计划用水管理。珠江委每年通过取水许可监督检查、水资源管理和节约用水检查对地方计划用水管理工作进行监督与指导。

2. 重点取用水户计划用水管理

重点取用水户均制定了系列配套管理制度,并积极配置专业管理人员,逐步提高用水精细化管理水平;通过生产试运行、同行业比较、参考历年资料等方式合理制定取用水计划;部分取用水户开展了水平衡测试等工作,加强节水改造,提高用水效率;认真执行水行政主管部门下达的用水计划,严格在取水许可证允许的取水总量范围内取用水;记录用水情况并建立用水台账,按时上报月度、季度、年度取用水报表;按要求安装计量设施,并及时检查、维护,能够较好地实现取用水的有效计量、水资源费缴纳等。

在取得成效的基础上,重点取用水户依旧存在取水计量系统不够精确、用水计划核定下达工作体系不完善、计划用水管理水平不高、计划用水执行机制存在缺陷等问题。

3. 试点取用水户计划用水管理

佛山市南海区用水需求呈不断增长趋势,在高温天气影响下,城镇生活和生产用水需求量增加,南海发电一厂有限公司取用水量先增后减,提升了用水效率。单位产品取水量有降低的趋势,二期工程符合《取水定额第一部分:火力发电》(GB/T 18916.1—2012)电厂单位发电量取水定额指标和《广东省用水定额》的规定,工程节水水平及用水水平较高,而一期工程则均较低。电厂每年根据佛山市南海区的发展趋势及市场需求制定电厂的取水计划,按照最严格水资源管理制度及申请取水量进行过程管理,全区供水水量水质具有极大保障,能够满足南海区各企业取用水要求,且电厂总取水量未超出南海区水量控制指标。上级水行政主管部门对电厂年度取水计划进行核定,并下达年度取水计划通知,计划取水量等于申请取水量,且计划(申请)取水量的制定逐渐趋于合理。根据电厂近五年实际运行情况,电厂年取水计划不进行核减。

6.2 建议

6.2.1 对管理部门的建议

1. 加强节水宣传

各部门应积极响节水型社会建设"十三五"规划、国家节水行动等的要求,推动绿色发展的理念,加快建立绿色生产和消费的法律制度和政策导向,建立健全绿色低碳循环发展的经济产业体系。推进水资源全面节约和循环利用,开展创建节约型企业、绿色取用水户,全面提升水资源利用效率,形成节水型生产生活方式。加强国情水情教育,逐步将节水纳入国民素质教育活动,向全民普及节水知识,开展世界水日、中国水周、全国城市节水宣传周等形式多样的主题宣传活动,倡导简约适度的消费模式,提高全民节水意识。

2. 完善计量监控体系

计划用水管理的取用水户占整个计划用水管理的绝大部分,各有关水行政主管部门要在督促各取用水户安装、完善取水计量系统的基础上,进一步结合全国水资源监控能力建设等工作,不断加大经费投入,推进取用水户加强取用水计量监控设施建设,完善取水、用水计量监测手段,提高水资源管理信息化水平,充分发挥水资源监控平台的作用,改进和提高计划用水的评价水平,全面提高计划用水的监控、预警和管理能力,不断提高计量监控率。

水行政主管部门加强取水许可验收,在验收前要求申请人报送取水计量设施的计量认证情况,材料不全的不予验收。必要时集中对有关取水用户开展管理培训,指导取水单位合理安装取水计量设施,同时督促相关企业开展计量设施检定与核准工作。

3. 加强计划用水监督管理工作

(1)加强用水过程监督指导。从流域机构和各级水行政主管部门的管理权限出发,拟定各自管辖范围内重点取用水户监控名录;加强日常监督检查与技术指导的工作强度和检查频次;与年度最严格水资源管理考核和取水许可管理延续管理等相关工作结合,综合评估重点取用水户的用水计量情况、实际取用水情况与节水水平等,为加强取用水户计划用水制度实施提出针对性的意见建议,切实帮助取用水户落实计划用水制度,提高用水水平。

(2)完善计划用水核定方案。在取水许可延续申请时,要求用水户提交近期水平衡测试报告或用水水平分析报告,以便结合最新用水定额和行业用水水平,科学核定取用水户合理取用水量,各级管理机关要根据各自管理权限,制定用水单位核减计划用水量的原则。对于年际计划取水量变化较大的,要求取用水户提供计划取水量逐年变化的主要原因,补充分析论证申请报告,分析评估各取用水户"计划取水量"的合理性;对于实际取水量远小于许可取水量的取用水户,应要求在取水延续评估工作中进一步核算取水许可量,避免申请取水量与实际取水量差异太大,增强"计划取水量"的合理性。

(3)完善计划用水监督管理制度。部分取用水户未能及时上报取用水计划,给水行政主管部门的计划核定下达工作造成了较大的困难。对取用水户要开展法律宣传,保证按时、按质上报用水情况,对于不能按照要求申请下一年度取用水量的取用水户,进行通报批评。在用水计量、水平衡测试等工作开展上还需进一步制定操作性强的具有约束力的法规制度。在用水过程监督管理上还缺乏明确清晰的监督检查管理计划等,需不断完善有关配套制度。

对计划用水考核指标实施的督查也尤为重要,督查既包括了对取水(用水)户的用水情况、设施运行、制度执行的巡查,又包括对水行政主管部门计划用水管理工作的监督。

4. 完善计划用水执行机制

在水资源论证、取水许可工作中,要求建设单位和编制单位严格明确用水过程,合理制定取用水方案,明确许可取水量,防止后期出现许可取水总量偏小的状况。

水行政主管部门应对应该纳入计划用水管理的取用水户及时纳入,按规定下达年度取水计划。加强对各取水口的监管,按照相关规定对超许可量的取用水户进行通报和处罚,加强宣贯相关法律法规的工作;对超计划取水的取用水户严格执行累进加价制度,必要时对超计划的取用水户也进行通报和处罚。同时,也需针对各种可能出现的特殊情况提出可行的保障措施和可参照的相关制度条款,完善水量考核制度,确保对取用水户管理具有指导作用,进一步促进计划用水的精细化管理。对月度用水超计划的情况,调整起来较为麻烦,建议上级主管部门简化取水许可证登记表取水量年内分配调整申请手续,重新考虑月度实际用水量超过计划用水量是否需要考核及申请调整,真正减轻取用水户负担。

5. 加强计划用水管理信息化建设

目前计划用水信息化管理工作较为滞后,水资源监控管理信息平台关于取水许可证信息更新不及时,查到的取水许可证信息年份较远,且部分省(区)的取水许可证相关信息也与相关省级水行政主管部门网站查得的信息差异较大,不利于信息的管理与查询。

建议进一步加大科研开发力度,运用现代信息手段加强计划用水管理,引进计划用水管理软件,实现计划用水管理的网络化、信息化、智能化。取用水户用水计划的编制、下达、调整、考核,超计划用水加价收费的自动产生,对取用水户基本信息和水量信息的综合管理,以及信息的发布、查询、统计及打印功能均通过信息系统进行管理,包括用水单位节水编码、单位名称、用水水源、水用途、单位基建情况和经营生产情况,还包括主要用水设施性能参数、使用情况和位置照片;奖惩和其他信息记录,该项功能作为管理辅助,包括获得的荣誉、处罚记录、超计划加价记录和告知单、调整用水申请及审批结果告知单和用水数据上报记录等。实现数据采集的自动化,信息处理的智能化,信息管理的精准化,管理流程的规范化,资源共享的最大化,有效提升计划用水的管理水平。建议取用水户按月将取用水量统计报表与水行政主管部门取用水监测中心的监控数据进行核对,做到数据准确传输,同步监控。

6.2.2　对取用水户的建议

1. 增强节约用水和计划用水管理意识

增强取用水户节水的紧迫感和水忧患意识,明确自身节水义务,唤醒群众珍惜水资源、保护水资源、节约水资源的意识。各纳入计划用水管理的取用水户要充分认识到计划用水的重要性,自觉强化计划用水管理意识,争做计划用水的带头人与先锋模范,严格执行计划用水管理制度,完善节水法规体系,合理确定用水定额指标,自觉不断提升用水水平,提高水资源重复利用率,节约淡水资源。严格按照经批准的年度取水计划取水,确有取水增加需求的,及时向水行政主管部门申请调整计划。遵守执行水费累进加价制度、节水激励机制,接受监督检查,保障各计划用水户科学、合理用水,达到节约用水的目的,形成科学合理的供水节水机制。

2. 加强水平衡测试与节水改造工作

水平衡测试工作是评价取用水户当前各生产运行环节用水水平的重要依据,也为企业开展节水改造提供基础支撑。各取用水户要密切配合有关行政部门采取必要的措施,按照国家标准《节水型企业评价导则》相关要求,严格明确开展企业水平衡测试工作的频率,并将测试结果及时上报水行政主管部门。

开展中水回用工作,促进可持续发展,坚持"开源与节流并重,节流优先,治污为本,科学开源,综合利用"的原则,逐步实施污水资源化;推进技术创新与机制创新,促进中水回用的产业化发展。进一步采取相应措施,加大节水改造,减少耗水量,持续加强管道维护,减少"跑、冒、滴、漏"现象,持续践行节约用水,提高水资源利用效率。

3. 加强计量统计工作

取用水户按照国家标准安装取用水计量设施,满足《用水单位水计量器具配备和管理通则》中的水计量器具配备要求,对重要用水系统加装计量设施;定期对计量设施进行准确性和可靠性的鉴定,定期维护计量设施,对取用水的计量检测方式及时进行完善。及时修复有损坏的计量装置,对计量装置定期进行校准。对于生活用水和工业用水,应该分开计量,方便各类用水量的统计。

按技术档案要求对电厂取水计量数据进行管理维护,对各计量装置定期进行抄读,做好月度、季度水平衡分析及统计报表工作,以便及时发现并解决用水异常,并且及时维修漏水管网,进一步加强取用水计量设施数据的管理,增加检查维护的频次,建立和规范取水台账,并按规定报送用水统计报表,作为缴纳水资源费的依据。

4. 提升人员素质

随着国家对节水工作的越来越重视,作为重中之重的计划用水工作将会有更高的要求,计划用水覆盖范围将不断扩大。计划用水管理工作要指派专人负责,并明确主管领导,人员变更要及时上报上级主管部门,变更前做好交接工作;计划用水涉及水平衡测试等技术较强的业务知识,要加强技术培训和专业人才的培养,通过举办培训班,选派管理人员参加专业培训,以提高管理人员的业务水平和管理能力。同时要积极组织计划用水管理人员深入学习相关法律法规,以学习促进制度的落实;注重业务技能培养,成立学习小组,开展专门培训,向其他单位学习,提高财务人员的业务能力和水平;抓好职业道德教育,加强政治理论学习,提升管理人员的自律意识和责任心,从各方面逐步完善。

附件：广西大唐合山电厂《节水管理制度》

大唐桂冠合山发电有限公司
Datang Guiguan Heshan Electric Power Co., Ltd.

节 水 管 理 制 度

编写　刘成鹏

审核　黄晋营

批准　曾庆忠

大唐桂冠合山发电有限公司

2018.06.18

第1页 共5页

大唐桂冠合山发电有限公司
Datang Guiguan Heshan Electric Power Co., Ltd.

1 范围

本导则适用于大唐桂冠合山发电有限公司节约用水应遵守的技术原则，即采取的主要措施，适用于生产运行中的各项节水工作。

2 引用文件

DL/T783-2001 火力发电厂节水导则

DL/T246-2015 化学监督导则

DL/T5068-2006 火力发电厂化学设计技术规程

DL/T5046-2006 火力发电厂废水治理设计技术规程

3 总则

3.1 节水工作的任务是：认真研究各系统用水、排水的要求和特点，分析影响节水工作的各种因素，制定和实施一系列有效的技术措施，使有限的水资源能发挥最大的经济效益和社会效益。

3.2 节水管理工作要贯穿于生产运行的全过程，并加强部门之间、专业之间的密切配合和相互协调，共同开展好节水管理工作。

3.3 生产运行中应全面贯彻并正确实施设计的各项节水技术措施和要求。加强对系统水量、水质的计量、监测和控制，并加强对水汽系统设备、管道的检修和维护，做到汽水系统无严密无泄露，启动过程中汽水损失少，正常运行中经常处于最佳状态。

3.4 同时运行中不断挖掘设备潜能，根据技术条件、水源条件变化，对现有设备进行优化改造，使节水水平不断提高。

4 节水管理

4.1 定期进行水平衡试验，查清全厂的用水情况，综合协调各种取、用、排、耗水之间的关系，找出节水的薄弱环节，采取改进措施，控制水耗指标在允许的范围内。

4.2 全厂的水量计量装置要配制满足要求，测点布置合理，安装符合要求，以便运行人员对对全厂水系统的运行情况进行全面的监视，随时掌握系统中各处的水量和水质，根据节水的要求有效控制。

4.3 水量计量装置应定期进行效验、检查、维护和修理，以保证计量数据的准确性。

4.4 按要求做好用水量和耗水指标的统计工作，并对指标进行分析，及时总结并优化运行方式。做好设备节水潜力的分析，制定好相应的用水计划。

4.5 加强水质监督工作，试验室按要求配备必要的监测设备，定期对原水水质、系统内水汽品质、工业冷却水水质、生活水水质等进行监测。

5 各系统的节水措施

5.1 锅炉专业

5.1.1 加强对汽温的调整，尽量减少减温水的使用量。主汽温度调整时尽量保证两侧汽温平衡，减少一、

大唐桂冠合山发电有限公司
Datong Guiguan Heshan Electric Power Co., Ltd.

二级减温水的使用量；再热器温度的调整尽量不使用减温水，以免降低机组的效率。

5.1.2 #1、2炉控制汽包水位在-50 mm～+50mm之间。

5.1.3 #3炉在低负荷、转湿态运行时应控制分离器水位在正常范围内。

5.1.4 吹灰在保证吹灰效果的前提下，尽量减少吹灰次数的时间，疏水暖管时间以暖透为准即开始吹灰，及时关闭疏水门，减少热损失。

5.1.5 加强锅炉的各阀门、安全门的漏水、漏汽检查，发现后及时通知机务处理。

5.2 汽机专业

5.2.1 加强对汽机各系统、阀门"跑、冒、滴、漏"现象的检查，发现后应及时通知机务处理。

5.2.2 根据季节和河水温度变化对循环水泵运行方式进行优化，减少机组取水总量。

5.2.3 根据季节和河水温度变化对开式水系统进行调整，在保证机组安全运行的前提下，尽量减少各冷却水用水量。

5.2.4 尽量减少阀门泄漏，特别是各加热器放水门、启动放水门、各疏水门等与外系统连接的阀门由于内漏导致机组补水量增大。

5.2.5 #1、2机组补水时尽量保持凝补水箱水位在2500mm以下，防止机组因凝补水箱水位过高凝补水箱溢流，造成除盐水的浪费。

5.2.6 尽量保持#1、2机组闭式水箱水位在2000mm以下，保持#3机组闭式水箱水位在2000mm以下，防止机组因水箱水位过高凝补水箱溢流，造成除盐水的浪费。

5.2.7 高、低加、除氧器及辅汽联箱安全门泄漏情况，条件满足时应及时通知机务处理；安全门动作后，应密切监视其回座情况，安全门动作后，不能及时回座，应通知机务处理。

5.3 脱硫除灰专业

5.3.1 加强对捞渣机水温的监控，尽量减少捞渣机冷却水的用量，综合利用相关设备、阀门的冷却水等。

5.3.2 根据季节、水温变化情况适当调整脱硫工业冷却水进出口阀门开度，冬季温度较低时调少脱硫工业冷却水出口阀门的开度，减少冷却水的排出量。

5.3.3 加强对脱硫、除尘除渣系统各设备、阀门的"跑冒滴漏"情况检查，发现问题及时通知机务处理。

5.4 化学专业

5.4.1 机组启动阶段加强对凝结水水质分析，凝结水Fe<1000μg/L时及时投入凝结水精处理系统运行，缩短启动阶段水汽品质合格时间，减少启动阶段冲洗水用量。

5.4.2 化学值班人员加强对水池、水箱监控，合理调整运行方式，避免水池、水箱溢流。

5.4.2.1 #1、2机组工业水池水位控制在3.0～4.7米之间。#3机组工业水池水位控制在3～3.7米之间。

大唐桂冠合山发电有限公司
Datang Guiguan Heshan Electric Power Co., Ltd.

5.4.2.2 #1、2、3机组除盐水箱水位控制在8m左右。

5.4.3 控制化学自用水量，减少再生过程中冲洗水用量，控制化学自用水率指标达到要求。

5.5 其它系统

5.5.1 加强对全厂消防水的管理，禁止将消防水移作它用，定期对整个消防水系统进行检查，杜绝消防水管道、消防栓滴漏、泡水等情况发生。

5.5.2 燃料分场要加强对煤场喷洒水、输煤系统冲洗水等的管理，尽可能的节约用水。

5.5.3 加强对厂区绿化用水的管理，并合理计划绿化用水量，尽可能的节约用水。

5.5.4 加强对生活水的管理，对生活区食堂、公寓、卫生间、招待所等场所宜采用节水型龙头和器具，并加强宣传，提高员工意识，倡导节约用水。

6 #1、2机组或#3机组停运时的节水措施

6.1 #1、2机组或#3机组停运前，应提前一天由当值值长通知化学运行人员，提前做好储水准备。

6.2 化学运行人员在接到#1、2机组或#3机组停运的通知后，应立即做好以下工作：

6.2.1 将工业冷却水回收至B2、53池，并将两池储满备用。

6.2.2 检查除盐水箱水位，保证除盐水箱水位高于10m，若水位较低，则启动制水设备，制备除盐水，保证满足机组启动供水。

6.2.3 检查#1、2、3机组工业、消防水水池水位在3.5m位置，生活水池水位在1.5m以上。

6.2.4 机组停运后，控制生活水泵运行时间，在保证供水充足的前提下，尽量缩短生活水泵的运行时间，适当降低生活水管网压力，以节约用水。

6.3 停机期间安监部要加强对全厂消防用水的监管，尽量减少不必要的检修用消防水，使用前必须征得安监部和值长批准，同时使用部门使用消防水前要通知化学运行人员，使用中要做到尽量节约，避免大流量、长时间使用消防水。

6.4 停机期间要尽量减少其它生产、生活用水，厂区绿化用水等，并做到节约使用。其最终目的不只是节约用水，更是避免机组停运时启动循环水泵补水，以减少停机期间的外购电量。

7 各系统的排水复用

7.1 对机组工业冷却水回水进行回收，在保证冷却水温度和水质的前提下对工业冷却水全部回收复用。

7.2 生活污水、含油废水、酸碱废水、#1、2机组经过处理后集中到复用水池，作为灰场喷洒用水。

7.3 输煤系统水力清扫用水，煤场雨水经过煤水处理装置后汇入煤水复用水池，作为输煤系统用水。

7.4 脱硫废水处理后用于干灰调湿用水。

8 节水评价指标

大唐桂冠合山发电有限公司
Datang Guiguan Heshan Electric Power Co., Ltd.

8.1　发电水耗

$$b = \frac{Q_x}{W}$$

式中：b ——实际全厂发电水耗率，$m^3/(MW \cdot h)$；

　　　Q_x——全厂实际从水源总取水量，m^3；

　　　W ——全厂实际总发电量，$MW \cdot h$。

8.2　复用水率

$$\phi = \frac{Q_f}{Q_Z} \times 100 = \frac{Q_Z - Q_x}{Q_Z} \times 100$$

式中：Φ——实际全厂复用水率，%；

　　　Q_f——全厂实际复用水量，m^3；

　　　Q_x——全厂实际从水源总取水量，m^3；

　　　Q_Z——全厂实际总用水量，m^3。

9　考核

对因不按本制度执行或操作不当、消缺不及时等，视造成浪费水量大小，每次考核 100-500 元。

10　本制度从 2018 年 6 月 18 日起执行。

第四篇

2020 年度珠江流域计划用水评估与管理工作报告

前　言

　　为落实最严格水资源管理制度,强化用水需求和过程管理,控制用水总量,提高用水效率,水利部于 2014 年 11 月印发了《计划用水管理办法》(水资源〔2014〕360 号),要求将计划用水执行情况作为最严格水资源管理制度考核的主要内容之一。为加强流域计划用水管理,促进各取用水户节约用水,有效发挥对用水户刚性约束作用,建设节水型社会,持续开展珠江流域计划用水管理工作十分必要。

　　珠江水利委员会(以下简称珠江委)作为流域机构,在管辖范围内行使法律法规规定的和国务院水行政主管部门授予的水资源管理和监督职责。实施计划用水管理是流域机构职责所在,是严格珠江流域水资源管理的重要措施。为加强流域计划用水管理,2015 年以来珠江委持续开展计划用水管理与流域重点取用水户计划用水管理评估工作。该项目主要通过开展流域内计划用水日常监督检查,流域重点取用水户计划用水管理实施情况的监督检查,典型取用水户取用水计划合理性分析,总结分析流域计划用水管理制度的执行与落实情况以及存在的主要问题,并在此基础上,提出推进计划用水管理的具体措施及建议,为珠江委贯彻落实计划用水管理制度、促进流域节约用水提供管理支撑。

　　2020 年度根据计划用水管理需求,开展了流域 5 省(自治区)的日常监督检查工作,选取昆明钢铁集团有限责任公司等 6 家重点取用水户分析计划用水管理实施情况;选取大唐贵州发耳发电有限公司 1 家典型取用水户开展年度取用水计划合理性分析工作,并根据存在的问题提出相关建议。该项成果将为贯彻落实计划用水管理制度,进一步促进流域节约用水提供管理支撑。

1　基本情况

1.1　项目背景及意义

《中华人民共和国水法》（以下简称《水法》）、《取水许可和水资源费征收管理条例》等法律法规，明确规定我国实行用水计划管理制度。《水法》第四十七条明确规定："县级以上地方人民政府发展计划主管部门会同同级水行政主管部门，根据用水定额、经济技术条件以及水量分配方案确定的可供本行政区域使用的水量，制定年度用水计划，对本行政区域内的年度用水实行总量控制"。随着我国水资源供需矛盾问题日益突出，2012年国务院正式颁布《关于实行最严格水资源管理制度的意见》，其中第十一条明确指出"对纳入取水许可管理的单位和其他用水大户实行计划用水管理，建立用水单位重点监控名录，强化用水监控管理"，计划用水管理作为用水需求和用水过程管理的重要管理手段，其地位和作用日益凸显。2013年水利部1号文件《水利部关于加快推进水生态文明建设工作的意见》（水资源〔2013〕1号）中关于落实最严格水资源管理制度方面指出，"加快制定区域、行业和用水产品的用水效率指标体系，加强用水定额和计划用水管理"。2014年11月，水利部正式印发了《计划用水管理办法》，进一步明确了计划用水管理的对象、主要管理内容与管理程序等。

2015年以来，计划用水均为年度最严格水资源管理制度考核的内容之一。2016年12月，水利部联合国家发改委等9部门印发了《"十三五"实行最严格水资源管理制度考核工作实施方案》（水资源〔2016〕463号），明确用水定额、计划用水和节水管理制度是考核内容之一。2019年1月，鄂竟平部长在全国水利工作会议上提出要严格用水总量和计划用水管理，对用水浪费的行为进行约束。2019年4月，国家发改委、水利部印发《国家节水行动方案》提出要严格实行计划用水监督管理。在2020年全国水利工作会议上，提出以钢铁、宾馆、高校等用水大户为重点，做好用水定额和计划监督管理。2020年3月，水利部印发《2020年水利系统节约用水工作要点和重点任务清单的通知》明确2020年计划用水工作要点是强化用水计划限额管理，有效发挥对用水户的刚性约束作用。

计划用水是合理开发利用水资源和提高水资源使用效益的有效途径，是落实最严格水资源管理制度的基本要求，是推进节水型社会建设的制度保障。只有实现计划用水，才能全面推进水资源节约，提高水资源的利用效率和效益。加强流域计划用水管理，进一步了解流域取用水户计划用水管理现状及存在的主要问题，提出切实可行的用水计划管理的相关措施及建议，能为完善流域取用水户计划用水管理、落实最严格水资源管理制度奠定坚实的基础，促进珠江流域绿色发展。

珠江委高度重视计划用水管理工作。2015年对流域计划用水管理现状进行了分析并提出计划用水管理建议；2016—2018年主要开展了珠江流域重点取用水户监督检查工作，了解取用水户计划用水工作现状与存在的问题；2019年主要开展了计划用水日常监督检查、重点取用水户计划用水管理实施情况监督检查、典型取用水户年度取用水计划合理性分析、计划用水管理培训等四项工作。计划用水管理工作虽取得一定的成效，但仍然存在以下问题:①用水计划核定下达工作体系不完善;②计划用水管理能力不足;③计量监控体系不完善。

在上述背景条件下,为进一步完善流域计划用水管理工作,根据全国节约用水办公室工作安排,2020年度珠江委继续开展珠江流域计划用水评估与管理工作。工作包括三个方面的内容:计划用水日常监督检查;重点取用水户计划用水管理实情况监督检查;典型取用水户年度取用水计划合理性分析。

1.2 流域概况

1.2.1 自然地理

珠江片地处东经100°06′~117°18′,北纬3°41′~26°49′之间,包括珠江流域、韩江流域、澜沧江以东国际河流(不含澜沧江)、粤桂沿海诸河和海南省诸河,国土总面积65.43万km²,涉及的行政区域有云南、贵州、广西、广东、湖南、江西、福建、海南8个省(自治区)及香港、澳门2个特别行政区。

珠江片北起南岭,与长江流域接壤,南临南海,东起福建玳瑁、博平山山脉,西至云贵高原,西南部与越南、老挝毗邻,有陆地国界线约2700 km,海岸线长约5670 km,沿海岛屿众多。地势西北高、东南低,西北部为云贵高原区,海拔2500 m左右,中东部为桂粤中低山丘陵盆地区,标高为100~500 m,东南部为珠江三角洲平原区,高程一般为-1~10 m。地貌以山地、丘陵为主,约占总面积的95%以上,平原盆地较少,不到总面积的5%,岩溶地貌发育,约占总面积的1/3。

珠江片地处热带、亚热带季风气候区,气候温和,雨量丰沛。多年平均气温在14~22 ℃之间,最高42.8 ℃,最低-9.8 ℃,多年平均日照1000~2300 h,多年平均相对湿度70%~80%。年平均降水量多在1200~2000 mm之间,年内降水主要集中在4至9月,约占全年降水量的70%~85%。珠江片多年平均地表水资源量5201亿m³,多年平均径流量3381亿m³(地表水),每年4月至9月为丰水期,径流量约占全年的78%;10月至翌年3月为枯水期,径流量约占全年的22%,最枯月平均流量常出现在每年的12月至翌年2月,多出现在1月份。

1.2.2 经济社会

2019年,珠江片总人口2.05亿人,其中城镇人口1.28亿人,占总人口的62.2%,农村人口0.77亿人,占总人口的37.8%。平均人口密度为每平方公里313人,高于全国平均水平,但分布极不平衡,西部欠发达地区人口密度小,低于珠江片平均人口密度;东部经济发达地区人口密度大,远高于珠江片平均人口密度。

珠江片国内生产总值(GDP)14.9万亿元,占全国国内生产总值的15.0%,人均GDP 7.27万元,为全国平均水平的1.04倍。区域内经济发展不平衡,下游珠江三角洲地区是全国重要的经济中心之一,人均GDP为全国的2.07倍。从地区生产总值内部结构来看,第一、二、三产业增加值比例为7.0∶39.1∶53.9,产业结构以第三产业为主,第二产业与第三产业的差距较小,第一产业所占的比重很低。第二产业以工业为主,工业增加值49454.53

亿元,对 GDP 的贡献率达 33.2%,基本形成了以煤炭、电力、钢铁、有色金属、采矿、化工、食品、建材、机械、家用电器、电子、医药、玩具、纺织、服装、造船等轻重工业为基础和军工企业相结合的工业体系。

珠江片农田有效灌溉面积 6813.06 万亩,人均农田有效灌溉面积 0.33 亩,有效灌溉率 60.2%,稍高于全国平均水平。流域粮食作物以水稻为主,其次为玉米、小麦和薯类;经济作物以甘蔗、烤烟、黄麻、蚕桑为主,特别是甘蔗生产发展迅速,糖产量约占全国的一半。

1.2.3 供用水情况

2019 年珠江片总供水量 840.4 亿 m³,其中地表水供水量 804.8 亿 m³,占总供水量的 95.8%;地下水供水量 26.8 亿 m³,占总供水量的 3.2%;其他水源供水量 8.8 亿 m³,占总供水量的 1.0%。地表水供水量中,蓄水工程供水量 334.7 亿 m³,引水工程供水量 204.3 亿 m³,提水工程供水量 256.6 亿 m³,调水工程供水量 0.4 亿 m³,人工载运水量 8.8 亿 m³。

2019 年珠江片总用水量 840.4 亿 m³,人均用水量 410 m³,万元地区生产总值(当年价)用水量 57 m³,农田实际灌溉亩均用水量 678 m³,万元工业增加值用水量 33 m³,城镇人均生活用水量(不含城镇公共用水)180 L/d,农村人均生活用水量 116 L/d,用水以农业用水为主,除珠江三角洲外,各地农业用水所占比例均大于 50%。

总用水量中农业用水 494.9 亿 m³,其中农田灌溉用水 438.2 亿 m³,占总用水量的 52.1%,林牧渔畜用水 56.7 亿 m³,占总用水量的 6.8%;工业用水 165.6 亿 m³,占总用水量的 19.7%;居民生活用水 116.5 亿 m³,占总用水量的 13.9%;城镇公共用水 52.1 亿 m³,占总用水量的 6.2%;生态环境用水 11.3 亿 m³,占总用水量的 1.3%。

1980 年至 2019 年的 40 年间,国民经济各部门的用水随着国民经济发展和人民生活水平的提高发生变化,总用水量总体呈现增长态势,在 2010 年(908.0 亿 m³)达到高峰值后近年有所减少,珠江片总用水量从 1980 年的 658.4 亿 m³ 增长到 2019 年的 840.4 亿 m³,增长了 27.6%。在用水量持续增长的同时,用水结构也在不断发生变化,工业和生活用水总体呈增长的趋势,农业用水呈逐年下降的趋势,其中生活用水占总用水的比重由 6.9% 增加到 13.9%,工业用水占总用水的比重由 3.8% 增加到 19.7%。

1.3 流域取水许可情况

根据国家水资源监控能力建设-取水许可登记系统,截至 2020 年 11 月,珠江片涉及的云南、贵州、广西、广东、海南、湖南、江西、福建等省(自治区)各级(包括珠江委以及省市县三级)水行政主管部门共计发放取水许可证约 2.57 万件,许可年取水量约 2.15 万亿 m³,河道外许可年取水量约 525.88 亿 m³。珠江片各级水行政主管部门发放取水许可证基本情况见表 4-1-1。

表 4-1-1 各级水行政主管部门发放取水许可证基本情况表

行 政 分 区	许可证个数/个	年取水量/(亿 m³)	河道外年取水量/(亿 m³)
珠江委	105	5796.17	109.93
云南省	3783	786.53	32.09
贵州省	1420	453.68	3.43

续表

行 政 分 区	许可证个数/个	年取水量/(亿 m³)	河道外年取水量/(亿 m³)
广西区	5055	5700.67	42.08
广东省	12797	7628.46	296.16
海南省	1036	326.57	38.80
湖南省	421	140.99	0.89
江西省	243	133.14	0.79
福建省	821	577.66	1.69
合计	25681	21543.87	525.88

珠江委以及云南、贵州、广西、广东、海南、湖南、江西、福建等省（自治区）水利（水务）厅共计发放取水许可证 360 件，许可年取水量 8188.17 亿 m³，河道外许可年取水量 328.24 亿 m³。珠江片厅级水行政主管部门发放取水许可证基本情况见表 4-1-2。

表 4-1-2　厅级水行政主管部门发放取水许可证基本情况表

行 政 分 区	许可证个数/个	年取水量/(亿 m³)	河道外年取水量/(亿 m³)
珠江委本级	105	5796.17	109.93
云南省本级	16	278.99	0.46
贵州省本级	36	157.64	5.49
广西区本级	107	1329.69	91.25
广东省本级	50	490.33	101.74
海南省本级	45	62.14	19.36
湖南省本级	0	0.00	0.00
江西省本级	0	0.00	0.00
福建省本级	1	73.20	0.00
合计	360	8188.17	328.24

2 工作目标及任务

2.1 工作范围

本次工作范围为珠江委管理范围,包括珠江流域、韩江流域、澜沧江以东国际河流(不含澜沧江)、粤桂沿海诸河和海南岛及南海各岛诸河等水系,总面积65.43万 km²。重点研究区域为云南、贵州、广西、广东与海南五省(自治区)。

2.2 工作依据

1. 法律法规

(1)《水法》(2016 年)。

(2)《取水许可和水资源费征收管理条例》(2017 年)。

(3)《取水许可管理办法》(2017 年)。

(4)《建设项目水资源论证管理办法》(2015 年)。

(5)《水资源费征收使用管理办法》(2008 年)。

(6)《计划用水管理办法》(2014 年)。

(7)其他法律法规。

2. 有关规程、标准

(1)《广西壮族自治区主要行业取(用)水定额(试行)》。

(2)《广西壮族自治区工业行业主要产品用水定额》(DB45/T 678—2017)。

(3)《广西壮族自治区城镇生活用水定额》(DB45/T 679—2017)。

(4)《云南省用水定额》(DB53/T 168—2019)。

(5)《海南省用水定额》(DB46/T 449—2017)。

(6)《广东省用水定额》(DB44/T 1461—2014)。

(7)《贵州省用水定额》(DB52/T 725—2019)。

(8)《取水定额第 1 部分:火力发电》(GB/T18916.1—2012)。

(9)《取水定额第 5 部分:造纸产品》(GB/T18916.5—2012)。

(10)《取水定额第 12 部分:氧化铝生产》(GB/T18916.12—2012)。

(11)《取水定额第 16 部分:电解铝生产》(GB/T18916.16—2014)。

(12)《水利部关于印发宾馆等三项服务业用水定额的通知》(水节约〔2019〕284 号)。

(13)《水利部关于印发钢铁等十八项工业用水定额的通知》(水节约〔2019〕373 号)。

(14)《水利部关于印发小麦等十项用水定额的通知》(水节约〔2020〕9 号)。

(15)其他规程、标准。

3. 相关规划及文件

(1)《珠江流域及红河水资源综合规划》(2010年)。

(2)《珠江流域综合规划(2012—2030)》(2013年)。

(3)《中共中央 国务院关于加快水利改革发展的决定》(中发〔2011〕1号)。

(4)《国务院关于实行最严格水资源管理制度的意见》(国发〔2012〕3号)。

(5)《水利部关于加快推进水生态文明建设工作的意见》(水资源〔2013〕1号)。

(6)《实行最严格水资源管理制度考核办法》(国办发〔2013〕2号)。

(7)《重点工业行业用水效率指南》(工业和信息化部,水利部,国家统计局,全国节约用水办公室,2013年)。

(8)《用水定额评估技术要求》(水利部水资源司,2015年)。

(9)《水利部 发展改革委关于印发〈"十三五"水资源消耗总量和强度双控行动方案〉的通知》(水资源〔2016〕379号)。

(10)《水利部、国家发展改革委员会等9部委关于印发〈"十三五"实行最严格水资源管理制度考核工作实施方案〉的通知》(水资源〔2016〕463号)。

(11)《国家节水行动方案》(发改环资规〔2019〕695号)。

(12)《水利部关于开展2019年度实行最严格水资源管理制度考核工作的通知》(水资管函〔2019〕93号)。

(13)《水利部关于印发水资源管理监督检查办法(试行)的通知》(水资管函〔2019〕402号)。

(14)《珠江委办公室关于印发2019年水资源管理和节约用水监督检查工作方案的通知》(办监督〔2019〕105号)。

(15)《珠江委关于委托开展直接发放取水许可证项目计划用水管理工作的函》(珠水政资函〔2017〕587号)。

(16)《珠江委关于报送2020年度取水计划及2019年度取水总结的函》(珠水政资函〔2019〕619号)。

(17)《珠江委关于下达审批发证取水项目2020年度取水计划的函》(珠水政资函〔2020〕038号)。

(18)《2020年度取水计划下达通知书》(不含红河)(取水(国珠)计〔2020〕1号至30号)。

(19)《水利部关于印发2020年水利系统节约用水工作要点和重点任务清单的通知》(水节约〔2020〕44号)。

(20)其他相关文件和技术成果。

2.3 工作目标

通过开展流域内计划用水日常监督检查,流域重点取用水户计划用水管理实施情况的监督检查,典型取用水户取用水计划合理性分析,分析总结流域计划用水管理制度的执行与落实情况以及存在的主要问题,并在此基础上,提出推进计划用水管理的具体措施及建议,为珠江委贯彻落实计划用水管理制度、促进流域节约用水提供管理支撑。

2.4　主要任务

根据项目安排,项目主要工作任务分为三部分。

(1)计划用水日常监督检查。

开展流域内相关省区市计划用水日常监督检查,了解流域内有关省区市计划用水制度执行情况。

(2)重点取用水户计划用水管理实施情况监督检查。

按照取用水类型、取用水规模、行政分区抽检一定数量的重点取用水户,进行计划用水管理监督检查。了解重点取水对象计划用水执行情况,取用水原始记录和用水台账建立情况,以及计量设施安装、检查、维护情况等。

(3)典型取用水户年度取用水计划合理性分析。

在珠江流域选取具有代表性的取用水对象作为典型取用水户,结合监督检查收集的资料,调查了解典型取用水户近年实际生产、实际取用水和用水效率情况,对典型取用水户的年度取用水计划进行合理性分析。

2.5　技术路线

本项目主要通过资料收集与分析、调研座谈、现场检查等方法对流域内各级水行政主管部门计划用水制度执行情况,重点取用水户计划用水管理情况,以及典型取用水户取用水计划合理性进行分析总结,并提出流域计划用水管理建议。技术路线见图4-2-1。

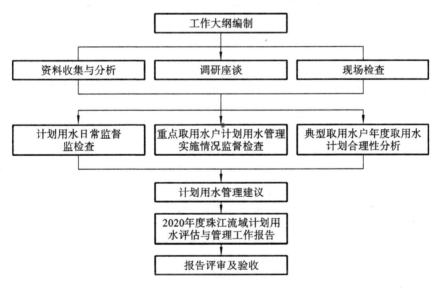

图 4-2-1　项目技术路线

3 计划用水日常监督检查

3.1 珠江委计划用水管理现状

近年来,珠江委依照《取水许可管理办法》《计划用水管理办法》等法律法规规定和水利部授予的权限,做好计划用水管理各项工作,包括组织取水户申报年度用水计划建议、对用水计划建议进行审核,合理核定计划用水量并下达用水计划,开展计划用水监督检查。为进一步加强计划用水管理工作,2019 年 3 月,珠江委下发《珠江委关于调整委机关内设机构的通知》(珠水人事〔2019〕057 号),成立水资源节约与保护处,组织指导流域计划用水和节约用水工作。

珠江委结合流域取用水户实际情况实行精细化管理,优化设计完善了一整套取水计划申报、总结表格,包括《年度取水计划建议表》《季度取水计划建议表》《季度取水情况表》《调整年度取水计划建议表》《年度取水情况总结表》等。每年年底,珠江委及时组织取水户报送年度取水总结和下一年度取水计划建议,根据申报建议,珠江委通过分析取用水户近年实际用水情况,结合国家和地方用水定额管理要求,合理核定年度计划取水量,并于次年 1 月 31 日前正式行文下达给各取用水户。2017 年以前,珠江委计划用水管理对象为直接发放取水许可证的取水户;之后,根据流域取水许可管理实际和水资源管理需求,引调水工程、水利水电工程、省际边界河流建设项目计划用水管理工作仍由珠江委直接管理,其余项目计划用水相关管理工作委托给相应省级水行政主管部门承担。2017 年 11 月 15 日,珠江委向云南、贵州、广西、广东、海南省(自治区)水利(水务)厅下发了《珠江委关于委托开展直接发放取水许可证项目计划用水管理工作的函》(珠水政资函〔2017〕587 号),委托要求主要包括:各省自治区要定期(季度)向珠江委报送项目取水总结、年底报年度取水总结,水资源费征收情况尤其是超计划征收水资源费情况,每年 1 月 31 日前下达取水计划,3 月底前将委托项目用水计划管理情况和本年度用水计划核定备案情况报送珠江委。

截至 2019 年 12 月末,珠江委直接发证的 95 个项目(不含国际河流)中,珠江委直管 30 个,委托地方管理 65 个,具体名录见表 4-3-1 和表 4-3-2。

表 4-3-1　珠江委 2020 年度管理取水单位列表

序号	取水许可证编号	取水项目名称	所在省(区)	许可水量/(万 m³)	近三年实际取水量/(万 m³)			2020 年申请取水量/(万 m³)	2020 年计划取水量/(万 m³)
					2017 年	2018 年	2019 年		
1	取水国珠字〔2014〕第 00024 号	普梯一级	贵州、云南	63900	52413.47	51847.28	49266	57200	57200
2	取水国珠字〔2014〕第 00011 号	响水电厂	贵州、云南	179365	157866	152428	135008.41	138240	138240

续表

序号	取水许可证编号	取水项目名称	所在省（区）	许可水量/(万 m³)	近三年实际取水量/(万 m³)			2020年申请取水量/(万 m³)	2020年计划取水量/(万 m³)
					2017年	2018年	2019年		
3	取水国珠字[2014]第00009号	鲁布革水电站	贵州、云南	384600	324057	331414	281288	303262	303262
4	取水国珠字[2014]第00023号	普梯二级	贵州、云南	77200	69707.73	67254.47	65058	77710	77710
5	取水国珠字[2019]第00005号	老江底水电站	贵州、云南	304000	/	229505	229505	284000	284000
6	取水国珠字[2014]第00010号	董箐电站	贵州	1114600	987072	/	/	/	1114600
7	取水国珠字[2015]第00007号	光照水电站	贵州	799000	688000	/	540000	695300	695300
8	取水国珠字[2015]第00014号	马马崖一级水电站	贵州	963000	856375	797097.57	727848	958000	958000
9	取水国珠字[2015]第00013号	善泥坡水电站	贵州	311100	/	247255.69	274676	285630	285630
10	取水国珠字[2013]第00002号	南盘江天生桥二级水电站	贵州、广西	1452000	1823364	1821416	/	/	1452000
11	取水国珠字[2014]第00020号	平班水电站	贵州、广西	1783152	1823306	/	1489076	1536000	1536000
12	取水国珠字[2016]第00004号	广西南丹县新纳力水电站	贵州、广西	105000	92584	90459	104916	93565	93565
13	取水国珠字[2012]第00009号	天生桥一级水电站	贵州、广西	1830000	1910083	1827372	1405634	1428658	1428658
14	取水国珠字[2012]第00006号	百色水利枢纽	广西	735000	766500	1025611	915758	651000	651000
15	取水国珠字[2016]第00007号	红水河岩滩水电站	广西	5228900	4851943	5300448	4962286	4854000	4854000
16	取水国珠字[2013]第00001号	红水河乐滩水电站	广西	5385000	7898900	6000308	5374944	6064069	6064069
17	取水国珠字[2017]第00002号	红水河龙滩水电站	广西	4834000	5170922	4876990	4447984	5112806	5112806

序号	取水许可证编号	取水项目名称	所在省（区）	许可水量/（万 m³）	近三年实际取水量/（万 m³）			2020年申请取水量/（万 m³）	2020年计划取水量/（万 m³）
					2017 年	2018 年	2019 年		
18	取水国珠字〔2014〕第 00012 号	红水河大化水电站	广西	5730000	4878336	5423936	5006636	4486100	4486100
19	取水国珠字〔2013〕第 00013 号	广西右江那吉航运枢纽	广西	867000	833840	1101030	1019990	901990	901990
20	取水国珠字〔2014〕第 00028 号	红水河桥巩水电站	广西	5924000	3794091	5782003	5547258	5319094	5319094
21	取水国珠字〔2015〕第 00009 号	长洲水利枢纽工程	广西	11557110	10324310	13256740	11628407	12662990	12662990
22	取水国珠字〔2018〕第 00012 号	鱼梁电站	广西	1069100	/	1068110	1319540	1076070	1076070
23	取水国珠字〔2018〕第 00013 号	鱼梁船闸	广西	26300	/	1608.56	2221	2197	2197
24	取水国珠字〔2016〕第 00008 号	老口枢纽宋村电厂	广西	2771300		3326846	3253545	3460406	3460406
25	取水国珠字〔2014〕第 00025 号	广东省乐昌峡水利枢纽工程	广东	396000	324740	287237	428214	321955	321955
26	取水国珠字〔2016〕第 00001 号	北江飞来峡水利枢纽	广东	1930000	1734310	1811800	1797522	2377901	2377901
27	取水国珠字〔2015〕第 00001 号	万泉河红岭水利枢纽	海南	98710	107120	/	85500	85370	85370
28	取水国珠字〔2014〕第 00015 号	大广坝水利水电枢纽	海南	290000	/	/	221000	283350	283350
29	取水国珠字〔2014〕第 00026 号	大隆水利枢纽工程	海南	47800	39182.83	36529.28	30482	47852	47852
30	取水国珠字〔2019〕第 00006 号	戈枕水电站	海南	227890	/	201118	201118	303990	03990

注："/"代表取用水户未上报数据。

表 4-3-2　珠江委直接发放取水许可证项目计划用水管理委托清单

序号	取水许可证编号	所在省（区）	取水权人名称	审批取水量/（万 m³）	2020 年计划取水量/（万 m³）
1	取水国珠字[2017]第 00010 号	云南	云南华电巡检司发电有限公司	1041.5	560
2	取水国珠字[2017]第 00003 号	云南	国电开远发电有限公司	950.4	950
3	取水国珠字[2014]第 00016 号	云南	云南滇东雨汪能源有限公司	2059	1850
4	取水国珠字[2013]第 00012 号	云南	华能云南滇东能源有限责任公司	3208	1300
5	取水国珠字[2013]第 00011 号	云南	云南大唐国际红河发电有限责任公司	1398	600
6	取水国珠字[2013]第 00008 号	云南	国投曲靖发电有限公司	2223	702
7	取水国珠字[2018]第 00014 号	贵州	贵州兴义电力发展有限公司（兴义电厂新建工程）	1761.73	1550
8	取水国珠字[2018]第 00006 号	贵州	国投盘江发电有限公司	849.09	800
9	取水国珠字[2017]第 00001 号	贵州	贵州粤黔电力有限责任公司	3446.2	3440
10	取水国珠字[2016]第 00003 号	贵州	贵州盘江电投发电有限公司（盘县电厂）	2105.7	1725
11	取水国珠字[2013]第 00015 号	贵州	大唐贵州发耳发电有限公司	3154	2460
12	取水国珠字[2020]第 00002 号	广西	华润电力（贺州）有限公司	2271	2271
13	取水国珠字[2019]第 00012 号	广西	大唐桂冠合山发电有限公司	78000	52000
14	取水国珠字[2018]第 00011 号	广西	广西防城港核电有限公司	205.3	205
15	取水国珠字[2018]第 00008 号	广西	神华国华广投（柳州）发电有限责任公司	1250.6	1000
16	取水国珠字[2017]第 00009 号	广西	中电广西防城港电力有限公司	200	200
17	取水国珠字[2017]第 00008 号	广西	广西金桂浆纸业有限公司	2514	2514
18	取水国珠字[2017]第 00006 号	广西	中国华电集团贵港发电有限公司	45600	45600
19	取水国珠字[2014]第 00013 号	广西	国电南宁发电有限责任公司	72003.6	46000
20	取水国珠字[2014]第 00008 号	广西	中国铝业股份有限公司广西分公司	3195	3195
21	取水国珠字[2014]第 00003 号	广西	广西广投能源有限公司来宾电厂	34400	30000
22	取水国珠字[2013]第 00020 号	广西	靖西华银铝业有限公司	660	660
23	取水国珠字[2013]第 00016 号	广西	广西华银铝业有限公司	3645.5	1900

续表

序号	取水许可证编号	所在省（区）	取水权人名称	审批取水量/(万 m³)	2020 年计划取水量/(万 m³)
24	取水国珠字[2020]第 00007 号	广东	阳江核电有限公司	537	411
25	取水国珠字[2020]第 00006 号	广东	台山核电合营有限公司	259.1	194.33
26	取水国珠字[2020]第 00004 号	广东	广州市番禺水务股份有限公司	21462	19623
27	取水国珠字[2020]第 00003 号	广东	广州市自来水有限公司	36000	36000
28	取水国珠字[2019]第 00016 号	广东	佛山水业集团高明供水有限公司	8300	8300
29	取水国珠字[2019]第 00015 号	广东	南海发电一厂有限公司	30628	30628
30	取水国珠字[2019]第 00014 号	广东	阳西海滨电力发展有限公司	524.4	501
31	取水国珠字[2019]第 00013 号	广东	广州市番禺水务股份有限公司	4108	4108
32	取水国珠字[2019]第 00009 号	广东	广州中电荔新电力实业有限公司	23515	23515
33	取水国珠字[2019]第 00008 号	广东	广东国华粤电台山发电有限公司	136578	120147
34	取水国珠字[2019]第 00001 号	广东	广东粤电大埔发电有限公司	1319	823.4
35	取水国珠字[2018]第 00010 号	广东	佛山恒益发电有限公司	1131	1131
36	取水国珠字[2018]第 00009 号	广东	韶关市粤华电力有限公司	832.73	593.042
37	取水国珠字[2018]第 00007 号	广东	瀚蓝环境股份有限公司	36500	32373
38	取水国珠字[2018]第 00005 号	广东	广州南沙粤海水务有限公司	13593.51	11499
39	取水国珠字[2018]第 00004 号	广东	广东红海湾发电有限公司	553.7	287.07
40	取水国珠字[2017]第 00012 号	广东	中山火力发电有限公司	997.7	859.3
41	取水国珠字[2017]第 00005 号	广东	广东省韶关粤江发电有限责任公司	1366	1365
42	取水国珠字[2017]第 00004 号	广东	清远蓄能发电有限公司	229.7	遗漏
43	取水国珠字[2016]第 00006 号	广东	湛江中粤能源有限公司	61.2	5.34
44	取水国珠字[2016]第 00005 号	广东	中山嘉明电力有限公司	32714	24155.48
45	取水国珠字[2015]第 00012 号	广东	瀚蓝环境股份有限公司	13870	13363
46	取水国珠字[2015]第 00006 号	广东	国电肇庆热电有限公司	1437	1175
47	取水国珠字[2015]第 00005 号	广东	广东蓄能发电有限公司	1025.94	遗漏
48	取水国珠字[2014]第 00017 号	广东	珠海水务集团有限公司	46782	43143
49	取水国珠字[2014]第 00014 号	广东	广州恒运热电厂有限责任公司	41500	41500

序号	取水许可证编号	所在省（区）	取水权人名称	审批取水量 /(万 m³)	2020 年计划取水量 /(万 m³)
50	取水国珠字[2014]第 00007 号	广东	广州华润热电有限公司	1423.9	623
51	取水国珠字[2014]第 00006 号	广东	中山市供水有限公司	13653	13653
52	取水国珠字[2014]第 00005 号	广东	惠州蓄能发电有限公司	2714.13	2714.13
53	取水国珠字[2014]第 00004 号	广东	广州市自来水公司	127750	120667
54	取水国珠字[2014]第 00001 号	广东	广东宝丽华电力有限公司	2040.8	1175.8
55	取水国珠字[2013]第 00019 号	广东	佛山市西江供水有限公司	14600	13034
56	取水国珠字[2013]第 00018 号	广东	深能合和电力（河源）有限公司	1407.64	1111.44
57	取水国珠字[2013]第 00007 号	广东	广州珠江天然气发电有限公司	32115	28901
58	取水国珠字[2013]第 00006 号	广东	广东粤电云河发电有限公司	619	619.3
59	取水国珠字[2013]第 00004 号	广东	佛山市顺德区供水有限公司	12775	12775
60	取水国珠字[2013]第 00003 号	广东	佛山市顺德五沙热电有限公司	40045	40044.8
61	取水国珠字[2019]第 00007 号	海南	海南核电有限公司	226	226
62	取水国珠字[2019]第 00004 号	海南	海南省水利灌区管理局大广坝灌区管理分局	6866	6866
63	取水国珠字[2019]第 00003 号	海南	海南省水利灌区管理局大广坝灌区管理分局	20942	20942
64	取水国珠字[2019]第 00002 号	海南	海南省水利灌区管理局大广坝灌区管理分局	21248	21248
65	取水国珠字[2015]第 00004 号	海南	东方市大广坝高干渠工程管理所	11833	11833

注："遗漏"代表省级水行政主管部门遗漏了对该取用水户 2020 年的计划。

2020 年 1 月珠江委下发了《珠江委关于下达审批发证取水项目 2020 年度取水计划的函》（〔2019〕038 号），对珠江委发证的取水单位下达了《2020 年度取水计划下达通知书》（不含红河）（取水（国珠）计〔2020〕1 号至 30 号）。珠江委核定 2020 年取水计划的主要原则是：①对申请水量未超许可取水量的（共 24 家），按申请水量下达计划；②对申请水量超许可取水量的水电站（乐滩水电站、龙滩水电站、那吉航运枢纽、大隆水利枢纽、普梯二级水电站、长洲水利枢纽、飞来峡水利枢纽、鱼梁水电站、戈枕水电站），考虑到近几年流域内主要河流来水量相对偏丰，而取水许可量为多年平均值，拟按照申请水量下达计划；③对未按要求报送取水计划建议的（天生桥二级水电站、董箐水电站），拟按照取水许可量下达计划。

珠江委委托地方下达取水计划的取用水户核定原则主要是：取水计划下达量不超过前三年实际取水量平均值的 120%，若存在特殊情况需增加取水量超过前三年实际取水量平均值 120% 的，取用水户提交相关说明材料，水行政主管部门认为合理的，允许增加计划取水量。各省(自治区)水行政主管部门下达计划后抄送珠江委,珠江委不复核。

用水计划下达后,珠江委加强计划用水监督管理。结合取水许可监督检查和重点监控用水单位监督检查,一方面对珠江委直管取水户的用水计划落实情况进行监督检查,对超计划取水的要求严格执行超计划累进加价收费制度,并选取典型,开展原因分析,查找问题,提出具体措施及建议。另一方面对委托地方管理项目以及省区发证项目的计划用水情况进行监督检查。

3.2　省级计划用水管理情况

流域内各相关省(自治区)十分重视管辖范围内计划用水工作,均制定了一系列配套法规制度进行管理。针对纳入计划用水管理的取用水户,大部分地区均于每年12月底下达第二年度的用水计划或于每年1月份下达当年用水计划。下达的用水计划大多采用取用水户自行申报与省(自治区)水行政主管部门核定相结合的方式。每年12月份左右,有关省(自治区)水行政主管部门组织管辖范围内重点取用水户根据第二年度生产计划上报取用水量申请,主管部门依据取用水户申报数据、取水许可审批值以及该取用水户近三年实际取用水量等情况,结合次年水资源情势宏观判断,合理核定取用水户第二年度用水计划;下达的用水计划以月为单位确定取用水户的逐月计划用水量。

3.2.1　云南省

云南省水利厅水资源处(全省节约用水办公室)负责拟订节约用水政策、法规、制度,组织指导计划用水和节约用水工作。

云南省1993年制定了《云南省城市节约用水管理实施办法》,提出全省城市执行开源与节流并举解决城市供水的方针,实行计划用水,厉行节约用水;2013年施行《云南省节约用水条例》,明确规定了计划用水管理的用水单位及计划用水管理的单位年度用水计划的申请、核定、下达等要求,为指导云南省计划用水管理工作提供了重要法律依据与支撑。2015年8月,云南省水利厅下发了《关于转发水利部计划用水管理办法文件的通知》(云水资源〔2015〕28号),对辖区内取用水户实行计划用水管理,并落实了相关机构和人员,将计划用水管理列入每年常规性工作。2016年水利厅开发了"云南省计划用水及取水许可监督管理系统软件",实现对部分取用水户计划用水、取水许可监督管理等工作的电子化统一管理,提高了取水许可监督管理工作的现代化和信息化水平。2017年云南省物价局、住房城乡建设厅印发《非居民用水户实行计划用水与定额管理工作实施办法》(云价价格〔2018〕78号),对用水单位下达计划用水指标并进行考核,对超计划用水的单位实行累进加价收费制度,促使各用水单位做到科学、合理和节约用水。2019年10月,云南省发展和改革委员会、水利厅联合印发《云南省节水行动实施方案》(云发改资环〔2019〕945号),提出到2020年,全省年用水量1万立方米及以上的工业企业实现用水计划管理。

2020年1月,水利厅印发了《审批发证取水单位2020年取水计划的通知》(云水资源〔2020〕4号)、《水利部珠江水利委员会委托计划用水管理取水单位2020年取水计划的通知》(云水资源〔2020〕6号),主要结合云南省年度取用水总量控制指标、企业实际年度用水情况、用水定额下达59个许可发证项目的取水计划。

3.2.2　贵州省

贵州省水利厅节约用水办公室负责组织指导计划用水、节约用水工作,组织实施用水总量控制、用水效率控制、计划用水和定额管理制度等。

贵州省2007年出台了《贵州省取水许可和水资源费征收管理办法》(贵州省人民政府令第99号),提出了取水许可管理范围和水资源费征收相关要求。2015年4月,贵州省水利厅下发了《省水利厅关于转发〈计划用水管理办法〉的通知》(黔水资〔2015〕21号),提出了计划用水的管理范围和职责划分、程序和时间等,对全省计划用水工作给予指导。2019年10月,贵州省人民政府第43次常务会议审议通过《贵州省节约用水条例(草案)》,11月省人大常委会向全省各级国家机关、社会团体、企业事业组织以及公民个人征求修改意见和建议,将用水定额、用水计划、计量与监控、水平衡测试、用水统计等制度法治化,强化法律保障。2020年3月6日,贵州省人大第十三届人民代表大会常务委员会第十六次会议审议通过了《贵州省节约用水条例》,自2020年9月1日起施行,要求地方各级人民政府应当将节约用水纳入国民经济和社会发展规划,建立节约用水目标责任考核制度;重点监控用水单位应当每3年开展一次水平衡测试,对用水系统进行检测、统计和分析,落实节水措施,提高用水效率,用水单位实际年用水量超过其年用水量30%的,应当进行水平衡测试;县级以上人民政府水行政主管部门应当加强水平衡测试监督管理,将测试结果作为核定有关用水单位用水指标的依据。

2020年1月,水利厅印发了《贵州黔西中水发电有限公司等19家长江委审批取用水户2020年度取水计划的函》(黔水节函〔2020〕1号)、《大唐贵州发耳发电有限公司等5家珠江委审批取用水户2020年度取水计划的函》(黔水节函〔2020〕2号)、《省级管理取水许可项目2020年度取水计划的函》(黔水节函〔2020〕3号),结合全省年度取用水总量控制指标、各取用水户往年实际年度取用水情况、用水定额和用水效率,核定下达119个许可发证项目的取水计划,要求各单位建立完善的取水记录、台账统计等相关工作流程。

3.2.3　广西壮族自治区

广西壮族自治区水利厅以下简称广西水利厅水资源处(自治区节约用水办公室)负责组织实施计划用水、节约用水和定额管理工作。

2014年广西水利厅转发了水利部《关于印发〈计划用水管理办法〉的通知》,执行计划用水管理工作。2017年3月,水利厅印发了《广西壮族自治区计划用水管理办法的通知》(桂水资源〔2017〕7号),对计划用水要求做出了详细规定;同年3月,人民政府办公厅印发了《广西节约用水管理办法的通知》(桂政办发〔2017〕31号),提出了节水型社会建设、节水规划、总量控制、用水定额管理、取水计划、用水计划、水平衡测试、用水统计、水资源消费计量、节水设施"三同时"管理、节水产品认证管理、高耗水项目限制制度等管理制度。2018年水利厅加强取水、用水、退水全过程监督管理,落实超计划超定额用水累进加价制度和地下水超采区水资源费征收制度。2020年4月,水利厅印发了《2020年全区水资源(节水)管理工作要点》,要求严格计划用水管理,实行用水报告制度,配合工信厅率先在年用水总量超过10万立方米的水效领跑者中设立水务经理。

2020年1月,水利厅印发了《珠江委委托和本级审批发证取水项目2020年度用水计划的函》(桂水资源〔2020〕6号),主要根据用水总量控制指标、用水定额和用水单位近几年实际用水量核定下达99个许可发证项目的取水计划(2020年度用水计划超过近三年实际用水量平均值120%的,应说明理由),要求各单位按规定安装取水计量设施,接入水利厅取水在线监控系统。

3.2.4 广东省

广东省水利厅节约用水办公室主要负责组织编制并协调实施节约用水规划,组织指导计划用水、节约用水工作;组织实施用水总量控制、用水效率控制、计划用水和定额管理制度等。

2014年以前,广东省发布《广东省取水许可制度与水资源费征收管理办法》《广东省水资源管理条例》,提出了取水许可、水资源费征收、计划用水和节约用水的要求。2014年水利厅下发了《关于转发水利部〈计划用水管理办法〉的通知》(粤水资源函〔2014〕1265号),对计划用水要求做出了详细规定,并出台了《广东省用水定额》。2015年12月,省发展改革委、省水利厅、省住房和城乡建设厅联合出台了《关于全面推行和完善非居民用水超定额超计划累进加价制度的指导意见》(粤发改价格〔2015〕805号),全面推进非居民用水大户计划用水和超定额、超计划用水累进加价管理。2017年6月,广东省人民政府颁布《广东省节约用水办法》(广东省人民政府令第240号),要求单位用水实行计划用水,并实施超定额、超计划用水累进加价制度,县级以上人民政府水行政主管部门应当根据本行政区域用水总量控制指标、用水定额、供水单位的供水能力等,结合重点用水单位的用水计划建议、用水项目情况、前3年同期抄表计费水量等用水情况核定用水计划。2018年,广东省水资源管理系统对外公共信息门户进行了完善升级,提供取水许可查询、在线监测水量查询、计划用水办理等服务功能。2019年12月,经广东省人民政府同意,广东省水利厅、发展改革委联合印发《广东省节水行动实施方案》,强调用水过程监管,对纳入取水许可管理和公共供水管网内月均用水量1万立方米以上的非农业用水实行计划用水监督管理。

2020年1—2月,广东省韩江局、西江局、北江局、东江局均及时完成2020年84个许可发证项目的取水计划下达工作,主要根据用水总量控制指标、用水定额、供水单位的供水能力,结合用水单位的用水计划建议、用水项目情况、前三年同期抄表计费水量等用水情况核定用水计划,对日常监管过程和取水单位填报中发现的问题及时进行反馈。

2020年3月,水利厅联合省发展改革委下发关于做好新冠肺炎疫情防控期间计划用水管理工作的通知,指导全省有序、合理开展疫情防控期间的计划用水工作。一是允许延缓计划用水的送达时间,针对部分企事业单位尚未复工复产的实际情况,明确可以将2020年下达的用水计划于疫情结束后10个工作日内送达用水单位。二是积极协助超计划用水单位调整用水计划,疫情期间增加用水的单位多为承担疫情防控任务或公共生活服务的单位,为避免其超计划用水,要求各级水行政主管部门、省各流域管理局积极协助此类单位按照实际需求调整用水计划。三是依规减免超计划用水加价费,因承担疫情防控任务而发生超计划用水,又未能及时调整年度用水计划的单位,各级水行政主管部门、发展改革部门和省各流域管理局可依规减免超计划用水加价费用。

3.2.5 海南省

海南省水务厅水资源与节水管理处主要负责组织编制省级节约用水规划,组织指导计划用水、节约用水工作,组织实施用水总量控制、用水效率控制、计划用水和定额管理制度等。

2014年海南省水务厅印发了《海南省计划用水管理办法》(琼水资源〔2014〕673号),对纳入取水许可管理的单位实行计划用水管理,海口、三亚、儋州等市均按照计划用水管理要求,对市级管理的用水户开展了计划用水管理工作。2017年5月,海南省人民政府办公厅印发《海南省2017年度水污染防治工作计划的通知》(琼府办〔2017〕79号),要求对纳入取水许可管理的单位和其他用水大户实行计划用水管理。2017年海南省物价局、水务厅提出《关于建立健全城镇非居民用水超定额累进加价制度的指导意见》(琼价价管〔2017〕754号),提出实行计划用水管理的,对超过计划部分按年度实行加价收费,超定额超计划用水累进加价水费由供水企业收取。

2020年1月,水务厅印发了《2020年取水计划的通知》,主要对28个取水许可发证项目下达取水计划,要求2020年取水计划必须小于或等于2017、2018、2019年三年实际用水量平均值的1.2倍以内,如大于前三年实际用水量平均值的1.2倍的,必须在建议表中"补充说明栏"说明合理理由。

3.3　市县级计划用水管理监督检查情况

根据《珠江委办公室关于印发珠江委节约用水日常监督管理工作方案(试行)的通知》(办节水〔2020〕94号),按照珠江委2020年度节约用水日常监督工作要求,珠江委结合流域内云南、贵州、广西、广东与海南5省(自治区)2020年县域节水型社会达标建设复核及"回头看"工作,于2020年6月15日—7月16日共派出6个检查组对5个省(自治区)级水行政主管部门,12个市县(区)(云南省丽江市古城区、大理白族自治州大理市、贵州省遵义市、遵义市汇川区、铜仁市万山区、广西区北海市银海区、钦州市浦北县、广东省湛江市、珠海市斗门区、东莞市松山湖高新技术产业开发区,海南省儋州市、三亚市)水行政主管部门计划用水制定、下达、管理等情况,以及53家用水单位(21家企业、19家公共机构、13个居民小区)计划用水执行情况进行日常监督检查,了解计划用水管理情况,并分析存在的问题。

珠江委按照《水利部办公厅关于开展2020年水资源管理和节约用水监督检查工作的通知》(办监督函〔2020〕584号)和《珠江委办公室关于印发2020年水资源管理和节约用水监督检查工作实施方案的通知》(办监督函〔2020〕115号)的要求,于2020年9月18日—10月23日派出19个检查组103人次,对云南、贵州、广东、广西、海南5省(自治区)共25个县(区)水资源管理和节约用水情况进行了检查,检查内容也包含计划用水方面的工作。

根据检查情况发现,各级水行政主管部门建立了计划用水执行制度,计划用水的下达和调整基本符合规定,总体上将区域内用水大户纳入用水计划管理,并按规定向超计划用水单位发出警示,实施超计划用水累进加价制度。但仍然存在以下问题。

(1)部分水行政主管部门未按规定下达年度取水计划,年度取水计划未下达或下达不及时。

(2)计划用水管理范围覆盖不全。部分取用水户未按要求纳入计划用水管理。

(3)计划用水核定下达工作不完善。部分水行政主管在下达年度用水计划的过程中,未按用水定额和近几年的用水情况进行核定,主要根据许可水量和取用水户申报水量直接下达用水计划,计划用水及用水定额管理达不到效果。

（4）未严格执行计划用水管理。部分取用水户超计划用水，水行政主管部门未按规定向超计划用水单位发出警示，或未对超计划用水单位进行加价收费。

（5）取用水户存在的问题：未建立内部计划用水管理制度，未及时上报年度年计划用水量；超许可、超计划、超定额取水；未按照国家标准安装取用水计量设施，计量设施未按规定通过计量部门检定或核准，不能正常运行；未建立健全用水原始记录和统计台账；未定期开展水平衡测试。

4　重点取用水户计划用水管理实施情况监督检查

本次在流域内云南、贵州、广西、广东与海南五省（自治区）纳入取水许可管理的单位和其他取水户中，按照取用水类型、取用水规模、行政分区抽检6个重点取用水户，进行计划用水管理监督检查。

监督检查主要通过座谈、现场检查、电话询问等方式，了解和检查以下内容：①各重点取用水户计划用水管理制度建立情况；②取用水户用水计划制定与申请程序；③取用水户取用水计量设施安装、检查、维护情况；④取用水户用水原始记录情况及统计台账建立情况，以及水资源费缴纳情况；⑤取用水户定期开展水平衡测试情况；⑥取用水户在计划用水管理中取得的经验与存在的问题。

4.1　重点取用水户选取

1. 选取原则

（1）选择不同取用水户类型。

（2）尽量选取用水规模较大的取用水户。

（3）根据发证取用水户区域分布，尽量在不同省区选取。

2. 重点取用水户选取

2020年6—8月，通过珠江委节约用水日常监督管理、重点监控用水单位监督管理、水资源管理专项监督检查等，根据重点取用水户选取原则结合实际管理工作中的情况，最终确定6家重点取用水户（详见表4-4-1），其中昆明钢铁集团有限责任公司、遵义钛业股份有限公司、贵州华电大龙发电有限公司、番禺水务股份有限公司第一水厂为国家重点监控用水单位。

表 4-4-1　6 个重点取用水户基本情况

取用水户	所属地区	取水水源	许可取水量 /（万 m³）	取水有效期限
昆明钢铁集团有限责任公司	云南昆明	螳螂川	4500	2018.11.01
遵义钛业股份有限公司	贵州遵义	舟水河	300	2020.12.29
贵州华电大龙发电有限公司	贵州铜仁	舞阳河	693	2021.6.11
华润贺州电厂一期工程（2×1000 MW）	广西贺州	贺江干流	2271	2025.2.2
番禺水务股份有限公司第一水厂	广东广州	沙湾水道	21462	2025.3.31
海口市南渡江龙塘大坝枢纽	海南海口	南渡江	105524	2018.12.2

4.2　重点取用水户计划用水管理现状

4.2.1　昆明钢铁集团有限责任公司

昆明钢铁集团有限责任公司(简称昆钢)始建于 1939 年,本部位于昆明市西南 32 km 的安宁市,是云南省最大的钢铁联合生产基地、国家特大型工业企业和全国 520 户国有重点企业之一,也是云南省人民政府重点支持的 10 户省属工业企业之一。根据昆钢管理职责划分,节能减排中心作为公司管理部门,承担公司用水监督及管理职能,动力能源分公司统一负责公司本部钢铁及相关生产工艺单位生产用水的供给和生产废水的回收处理。

昆钢生产水源取自滇池流域螳螂川,昆钢动力能源分公司第四水泵站为水源泵站(统一取水),建于 1993 年 3 月,位于普渡河千户庄段西 200 m 处昆钢料场旁,取水方式为蓄水提升,取水口位置:东经 $102°08'00''$,北纬 $24°37'00''$。原设计供水能力及水质净化能力均为 6500 m^3/h,在取水设施建设的同时,昆钢依法办理了取水许可证书(取水(滇管)字〔2008〕第 001 号),项目年最大取水许可量为 4500 万 m^3,取水用途为生产用水,水源类型为地表水,审批机关为昆明市水务局,取水许可证有效期至 2018 年 11 月 1 日。生产取水严格按照取水许可证的相关要求依法取水,2009 年 10 月以后,随着生产废水再生回用量的增大,四水泵站的原水取水量逐步下降。2018 年公司上报了延续取水评估材料,因行政部门变动改革,昆明市水务局、昆明市滇池水利管理处核定,但职能划分不清晰,新的取水许可证计划于 2020 年 7 月发放,考虑企业转型发展,厂房建设、工厂改造等均需大量取水,申请年取水量继续保持 4500 万 m^3。经了解,截至 2020 年 11 月,企业还未能办理新证。

1. 计划用水管理制度与管理人员情况

昆明钢铁集团有限责任公司认真贯彻落实国家和云南省政府节能减排的节水工作目标及节水型社会建设工作要求,按照循环经济理念,建立以水资源高效利用为核心,以社会效益、环境效益、经济效益为主导的节水、用水管理机制,全面统筹节水工作。

按照资源—生产—消费—资源(再生)反馈式流程模式,坚持源头减量化,工序过程消耗优化、节约化、末端治理实现资源化再利用的用水管理原则,主要管理措施是:①定期部署、协调、监督和检查推动各单位、部门节水工作,进行绩效考核;②编制用水、节水规划,落实水平衡测试;③建立和完善节水、用水统计、分析、定额计划、评价、考核指标体系;④督促完善三级计量设施和计量管理制度;⑤加强对新建项目新增用水的内部审查、审批管理制度,实行"三同时、四到位"制度;⑥利用经济杠杆作用,加强内部关联水价管理,结合水源水价、供水及水处理费用成本等实际,适时、适度调整内部关联交易水价,按照不同供水水质等级实行差别水价,由公司成立价格委员会专门负责;⑦坚持科技进步,推广应用节水新技术、新材料、新产品、新工艺;⑧坚持用水工艺全流程与用水子单元有机结合的原则,局部服从全局,优化供排水系统运行管理,确保供排水系统的安全、经济运行;⑨广泛宣传培训,提高企业全员节水意识。

公司不断修订完善《节约能源杜绝"跑、冒、滴、漏"管理办法》(2016),并制定巡查记录,对检查发现的问题在公司办公会通报并执行经济考核,不断强化员工节约意识。

2. 年度用水计划制定与申报情况

昆明钢铁集团有限责任公司取水计划制定方法是根据下年度钢铁材产量计划制定下一

年度的取水计划。每年 12 月 31 日前编制非蓄水工程年度取用水总结和下一年度取水计划,将本公司上年度取水总结和下年度取水计划正式成文,上报给昆明市滇池水利管理处,水利管理处每年初下发当年取水计划批复文件。

为保证厂区取水,2018—2020 年公司上报的年度取水计划水量均为 960 万 m³,每月的取水量均控制在计划内(80 万 m³/月),随着昆钢本部生产结构的调整,产量降低,取水量明显减少,实际取水量为 400 万 m³ 左右,全年未发生超计划取水的情况。昆明市滇池水利管理处每年会根据公司实际取水量核减取水计划量,均为 500 万 m³ 左右。

3. 取水计量设施安装、运行情况

昆明钢铁集团有限责任公司列入国家水资源监控能力建设项目,公司分别在两根 DN900 源水上水管上安装了流量计,流量计编号分别为 5301120001 和 5301120004,且流量计已接入管理部门的取水远程监控系统,2 台水资源监测站由昆明市水利局安装;在 5 台取水泵上安装了 IC 卡水泵计量控制仪(型号 LY-2000),见图 4-4-1～图 4-4-2。计量装置运行正常。

各用水端在供水管道接入厂界位置装配进户计量仪表,具体运行维护抄表职能由昆钢质量计量检测中心承担;重点用水设备由生产单位根据工艺要求装配流量表,运行维护工作由具体生产单位承担。各单位使用补充水均计量收费,水费计入其生产成本纳入考核,各工序耗水指标由昆钢节能减排中心统一考核。

图 4-4-1 昆明钢铁集团有限责任公司水资源监测站

4. 用水台账建立及水资费缴纳情况

水资源费的征收单位是昆明市滇池管理水利管理处,昆钢动力能源分公司建立了取水台账并每月按时统计上报,按时缴纳水资源费,详见图 4-4-3～图 4-4-4。昆明市滇池管理水利管理处根据《中国人民共和国水法》《取水许可和水资源费征收管理条例》和《云南省实施〈中华人民共和国水法〉》《云南省取水许可水资源费征收管理办法》、云价价格〔2011〕128 号、昆发改价格〔2012〕33 号、云政办法〔2006〕70 号等有关规定收取水资源费和水利工程管理费。

图 4-4-2　昆明钢铁集团有限责任公司 IC 卡水泵计量控制仪

昆钢动力能源分公司产品产量月统计报表
2219 年 12 月

名称	单位	当月	累计
传供电量	kWh	114321381	1380420898
自发电量	kWh	109736380	1420570900
一、本部	kWh	19893600	361552620
其中：①12MW发电量	kWh	4148640	73668960
②18MW发电量	kWh	0	74042220
③25MW发电量	kWh	10155600	142165200
④3高炉TRT发电量	kWh	0	0
⑤4高炉TRT发电量	kWh	0	0
⑥6高炉TRT发电量	kWh	4116800	52270200
⑦三袋低温发电量	kWh	0	0
⑧四袋发电量	kWh	1472760	19406040
二、红钢发电量	kWh	27715720	311424440
其中：①3#TRT	kWh	5369440	58964000
②1#25MW	kWh	12266880	146191200
③2#25MW	kWh	9372000	94126080
④红钢烧结低温发电	kWh	707400	12143160
红钢1#、2#TRT	kWh	0	0
三、玉钢发电量	kWh	17648400	195295200
①玉钢3#TRT发电量	kWh	3700000	41595200
②玉钢18MW1#发电量	kWh	9216400	79607600
③玉钢18MW2#发电量	kWh	4732000	74092400
老TRT发电机	kWh	0	0
玉钢烧结低温	kWh	0	0
四、新区发电量	kWh	44478660	552298640
新区2.5万发电机	kWh	15757200	187138800
新区TRT发电机	kWh	7762800	107798000
新区15MW发电机	kWh	8900100	102110400
新区12MW发电机	kWh	7225440	89652000
新区1.5MW发电机1#	kWh	0	0
新区1.5MW发电机2#	kWh	0	0
新区烧结低温	kWh	4833120	65599440
压缩空气量	km³	7966.7	92519.47
其中：1、一空压	km³	3579.1	40366.17
2、二空压	km³	0	0
3、三空压	km³	4387.6	52153.3
4、四空压	km³	0	0
加压煤气总量	km³	25780.4	240605.8
其中：1、高炉煤气加压量	km³	2751	30087.2
①、一加压	km³	0	0
②、二加压	km³	0	0

名称	单位	当月	累计
③、四加压	km³		
④、六加压	km³	2751	30087.2
⑤、制氢站	km³	0	0
2、焦炉煤气加压里	km³	2810.4	38166.6
①、一加压	km³	0	7047
②、二加压	km³	0	0
③、三加压	km³		
④、四加压	km³	0	0
⑤、五加压	km³		
⑥、六加压	km³	2810.4	31119.6
3、转炉煤气加压里	km³	20219	172352
①、二加压	km³		
②、三加压	km³	20219	172352
高炉煤气处理量	km³	258033.345	3011936.83
其中：1、小高炉区域	km³		
2、五洗涤系	km³		
3、三洗涤系	km³	258033.345	3011936.83
制氢站氢气产量	km³	0	0
制氢站氮气产量	km³	0	0
生产水总量	t	4556120	61966588
其中：1、四水泵返水给水量	t	744000	8775896
2、回水产量	t	2947490	42930202
①、一水泵产量	t	732003	8904965
②、二水泵产量	t	23439	316907
③、三水泵产量	t	0	0
④、五水泵产量	t	0	0
⑤、六水泵产量	t	857088	9933148
⑥、八水泵产量	t	1334880	23695184
3、污水处理站产量	t	864630	10260470
企业自用水量	t	3668829	54236894
公司片用水量	t	867291	7729674
净化水	t	2327343	27826467

名称	单位	当月	累计
瓶氧产量	瓶	1106	13344
瓶氮产量	瓶	0	463
瓶氩产量	瓶	0	520
氧气产量	m³	16728166	241604896
其中：1、1#空分产量	m³	601607	48652223
2、2#空分产量	m³	7348493	86283162
3、3#空分产量	m³	8778066	106489511
氮气产量	m³	25956116	326704739
其中：1、1#空分产量	m³	745648	33589256
2、2#空分产量	m³	16613983	189044308
3、3#空分产量	m³	8596485	104071175
氩气产量	km³	59631	635794
其中：1、1#空分产量	m³	3938	430904
2、2#空分产量	m³	49143	157793
3、3#空分产量	m³	6532	47097
氧气放散量	m³	174814	2350363
供热锅炉产汽量	t	42408	408574
供热锅炉总燃料	tcet	2969.22	39601.34
供热锅炉燃料单耗	kgce/t	70.02	96.93
居民用电量	kWh	1012245	13027501

图 4-4-3　昆明钢铁集团股份有限公司用产品产量月统计报表

图 4-4-4　昆明钢铁集团股份有限公司水资源费缴纳发票

5. 水平衡测试开展情况

昆钢结合生产实际,不定期组织企业的水平衡测试,完善生产用水管理,最近一次于2015年6月开展了水平衡测试,明确了各用水系统的现状和存在的问题,绘制出全厂水量平衡图,2020年度的水平衡测试工作已经完成现场核查,正在编写、整理测试报告文本,预计12月完成。

公司积极推广先进节水工艺技术,例如:6♯高炉采用了纯水密闭循环;3♯、4♯焦炉及新建焦炉均采用干熄焦工艺,并利用熄焦显热发电。加大投入力度,优化工艺供水、用水方式,积极组织实施废水资源化再利用,将用水工序产生的恶劣水质在各工序进行处理,以便循环利用,例如,2007年投资102万元,回收利用了大红山铁矿管道输送铁矿浆的废水,年回收废水量70万 m^3;积极回收处理利用转炉除尘废水,使转炉除尘废水实现循环利用,年节水620万 m^3,年经济运行节电384万 kW·h,极大地改善了公司本部回用水水质。

4.2.2　遵义钛业股份有限公司

遵义钛业股份有限公司位于遵义市红花岗区舟水桥,公司为贵州遵钛(集团)有限责任公司控股公司,前身为遵义钛厂,是我国民用工业军品配套重点生产企业、高新技术企业、贵州省产学研联合示范基地以及遵义国家级钛、铝、锰材料特色产业化基地核心产业。遵义钛厂2001年10月成立,建厂初期海绵钛设计产能为1000吨/年,至2006年发展到14000吨/年,为我国成为世界上第四大钛工业国作出了突出的贡献,2014年由于环保要求,关停了电解、氯化、精制、燃煤锅炉等生产工序,目前主要产品为海绵钛,产量达14000吨/年。项目2015年办理了取水许可证(取水(遵市)字〔2015〕第14号),年最大取水许可量为300万 m^3,取水用途为工业用水,水源类型为地表水,审批机关为遵义市水务局,取水许可证有效期至2020年12月29日。

1. 计划用水管理制度与管理人员情况

贵州遵钛(集团)有限责任公司高度重视取用水管理工作,为加强计划用水和节约用水管理,建设节水型企业,实现公司水资源的可持续利用,2016 年 6 月制定了《贵州遵钛(集团)有限责任公司节水用水管理制度》,规定凡公司范围内从事用水及其相应管理活动的二级单位和个人,必须遵守本办法,遵义钛业股份有限公司也按照本制度有序开展工作。

遵义钛业股份有限公司拥有办公室、规划发展部、生产运营部、安全环保部、供销部、财务部、人力资源部、审计部、机动能源部等部门承担相应的管理职能。公司计划用水和节约用水工作遵循统筹规划、综合效率和效益的原则,实行用水总量控制、定额管理相结合,保障公司内部水资源供需平衡。公司积极编制节约用水规划,控制用水总量,组织、指导和监督节约用水工作,按照上级主管部门核定的取水量,实行用水总量控制。

2. 年度用水计划制定与申报情况

遵义钛业股份有限公司按规定,开展取水计划工作,取水主要用于循环冷却水、消防用水等,每年向遵义市水资源管理中心提交年度取水总结及次年取水计划,主要根据用水定额和水量分配方案制定年度用水计划。

根据遵义钛业股份有限公司近年来取水总结表和取水计划建议表,2019 年实际取水量 65 万 m^3,超出计划取水量 60 万 m^3,且 2015—2019 年计划取水量和实际取水量接近 70 万 m^3,远小于取水许可总量,主要是由于产品产量有所减少,且公司建设了大循环水池和泵房,提高了循环水的利用率,单位产品取水量下降,节水效果十分明显。遵义市水务局均于每年初下发当年取水计划批复文件,主要根据贵州省行业用水定额标准下达计划,计划下达量与申请水量相等。

3. 取水计量设施安装、运行情况

遵义钛业股份有限公司测量原水流量的流量计有 2 台,均为超声波流量计,在舟水河泵房内,舟水河主取水点进公司大循环水池的给水管道和补充水管上各装有 1 台一级水表,舟水泵房补充水流量计见图 4-4-5。流量计自投运以来,工作正常,仪表带瞬时流量和累计流量显示功能;共 2 台二级水表,用于车间和厂区的生产、生活用水,水表均处于完好状态,并按规定定期校验合格。

4. 用水台账建立及水资源费缴纳情况

遵义钛业股份有限公司正常开展用水台账的建立,按月统计用水记录,见图 4-4-6。公司严格按照《取水许可和水资源费征收管理条例》和《贵州省取水许可水资源费征收管理办法》要求缴纳水资源费,由遵义市水务局水政监察支队按季度进行核定和征收,见图 4-4-7。其中《贵州省取水许可水资源费征收管理办法》第十四条规定,超计划或者超定额取水的,对超计划或者超定额部分累进收取水资源费。年实际取水量超过核准的年取水计划或者定额的,超取部分按照以下标准缴纳水资源费:①超额 30% 以下的,超过部分按照规定标准的 2 倍缴纳;②超额 30% 至 50% 的,超过部分按照规定标准的 3 倍缴纳;③超额 50% 以上的,超过部分按照规定标准的 5 倍缴纳。

《贵州遵钛(集团)有限责任公司节水用水管理制度》要求用水单位和个人必须执行用水计划,对浪费水资源的,实行惩罚。

5. 水平衡测试开展情况

2015 年 6 月,遵义钛业股份有限公司根据《企业水平衡测试通则》(GB/T 12452—2008)、《节水型企业评价导则》(GB/T 7119—2006)的要求完成了各用水环节的测试工作,编写完成了《遵义钛业股份有限公司企业水量水平衡测试报告书》,明确了各用水系统的现状和存

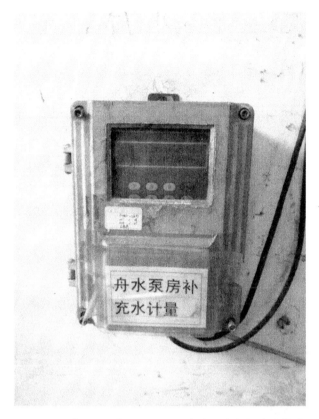

图 4-4-5　遵义钛业股份有限公司舟水泵房补充水流量计

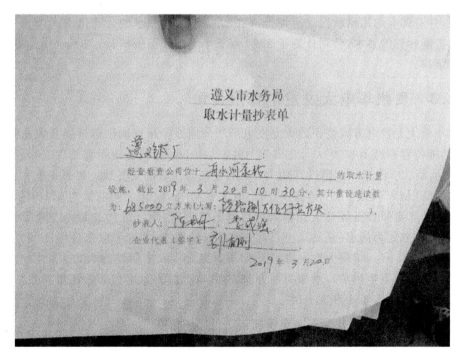

图 4-4-6　遵义钛业股份有限公司取水计量抄表单

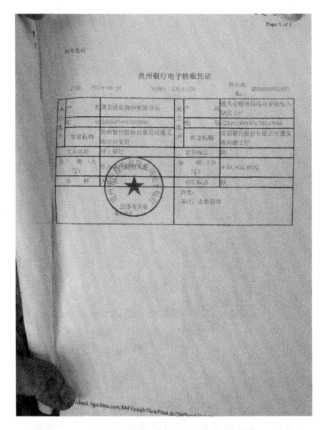

图 4-4-7　遵义钛业股份有限公司水资源费缴纳凭证

在的问题,并对现有的用水状况进行评价,提出了企业节约用水的合理化建议。

由于产能转移的要求,公司计划于 2020 年下半年搬迁至桐梓县,与其他分公司合并,并共用取水泵房。

4.2.3　贵州华电大龙发电有限公司

贵州华电大龙发电有限公司的大龙发电厂厂址地处贵州省铜仁市玉屏县大龙镇大屯村杨家湾,地理位置东经 108°50′02″,北纬 27°15′40″,距玉屏县城直线距离约 12 km,距铜仁市区约 57 km,距 320 国道和湘黔铁路约 1.2 km,是湘黔两省的交界地。贵州华电大龙发电有限公司 2×300 MW 技改工程年装机利用小时数 6300 h,设计年发电量为 37.8 亿 kW·h。电厂取水口位于贵州省玉屏县大龙镇大屯村舞阳河右岸,距厂址约 2 km,以舞阳河为主要取水水源,取水方式为提水(泵站)。项目 2016 年延续取水,办理了取水许可证(取水(国长)字〔2009〕第 13003 号),年最大取水许可量为 693 万 m³,取水用途为火力发电用水、厂区生活用水(加药系统、卫生用水),水源类型为地表水,审批机关为水利部长江水利委员会,取水许可证有效期至 2021 年 6 月 11 日。

1. 计划用水管理制度与管理人员情况

贵州华电大龙发电有限公司高度重视取用水管理工作,制定了《贵州华电大龙发电有限公司用水管理办法》《贵州华电大龙发电有限公司节水管理办法》《贵州华电大龙发电有限公司节水管理措施》《年度节能工作计划》等管理制度,明确了用水管理机构的职责,通过制定用水考核与奖罚制度强调节水的重要性,加强日常节电、节水制度执行情况的监督检查与工作进展汇报,建立节约用水四级监督网,将节水职责层层落实。公司用水量数据要求由公司信息实验中心专人对上月数据进行统计后于每月5日前上报生产技术部,由生产技术部专业管理人员整理以后再行上报。每季度于1月、4月、7月、10月15日前向贵州省水利厅上报用水统计报表。每年转拨资金对设备进行检修维护,防止设备泄漏,提高水的使用率。

公司节水管理实行三级节水管理体系:由公司总工程师担任节水领导小组组长,副总工程师担任副组长,组成企业节水领导小组;由各部门负责人作为部门用水管理主管领导,组成二级节水管理领导机构;另有燃运部、发电部、环保设备部及相关部门成立以主任为组长的三级节水管理小组,明确由节水员负责节水管理工作,各节水小组组员分工明确,管理到位。

2. 年度用水计划制定与申报情况

公司取水计划制定方法是根据下年度发电量计划、机组检修计划,按照发电水耗来制定下一年度的发电取水计划。申报流程为:每年12月31日前将本公司上年度取水总结和下年度取水计划正式成文,上报给长江水利委员会及贵州省水利厅,由主管部门批复后正式执行,计划下达量基本等于申请水量。2016年以来同时在长江流域水资源监控信息平台网上填报取水总结及取水计划。主管部门均于每年初下发当年取水计划批复文件,但2019年及2020年公司未收到贵州省水利厅计划下达的文件。

电厂近年来实际取水量未超许可,仅2017年超出计划水量8.2万 m^3,近年来取水量趋于平稳,2019年实际取水量688.40万 m^3,接近许可水量,2020年计划取水量为许可水量。

3. 取水计量设施安装、运行情况

贵州华电大龙发电有限公司在净水站入口、高效过滤器入口、混床出口、除盐供水母管、脱硫工艺水箱入口、机组凝补水箱入口等多处安装有流量计。其中原水A、B母管配有4个一级表,2个由贵州省水文水资源局安装的超声波流量计(国家水资源监控能力建设),2个由铜仁市水务局安装的超声波流量计,详见图4-4-8～图4-4-9。经沉淀净化处理工艺处理后的水源,企业根据各自的工艺要求区分为化学水、工业水、生活消防水三类水源,分别送往所需的用水点,在输送过程中各类称谓的水源均装有计量流量计,也作为二级计量器具,二级计量配有5个容积式机械水表。三级计量的器具有5个(3个节流孔板流量计,1个电磁流量计,1个容积式机械水表),安装于机组过滤、除盐供水、汽水循环系统、凝结水精处理系统中。

目前厂内计量设施均正常运行,公司二级、三级及其他用水计量设施均列入本单位缺陷管理办法中进行日常维护,每日巡检及抄表,发现问题立即填报ERP系统,进行日常消缺处理。但铜仁市水务局及省水资源处安装在同一母管上的一级计量设施显示的数据差距较大,且流量计度数大于实际用水量。

4. 用水台账建立及水资源费缴纳情况

公司正常开展用水台账的建立,按月统计用水记录,公司严格按照《取水许可和水资源费征收管理条例》和《贵州省取水许可水资源费征收管理办法》,每年分四次向贵州省水利厅报送各季度实际发电取水量,并按照贵州省水资源费征收标准如实缴费,缴纳标准为0.08

图 4-4-8　贵州华电大龙发电有限公司母管流量计(国家水资源监控能力建设)

图 4-4-9　贵州华电大龙发电有限公司母管流量计(铜仁水务)

元/m³,见图 4-4-10～图 4-4-11。

5. 水平衡测试开展情况

2014 年 3—5 月,华电电力科学研究院根据《企业水平衡测试通则》(GB/T 12452—2008)的要求完成了电厂各系统取、用、耗、排水的测试工作,编写完成了《贵州华电大龙发电有限公司 2×300 MW 机组水平衡测试报告书》,明确了各用水系统的现状和存在的问题,绘制出全厂水量平衡图,并对现有的用水状况进行评价,提出了该电厂节约用水的合理化建议。

根据《贵州华电大龙发电有限公司节水管理办法》第六条规定:生产技术部每三至五年

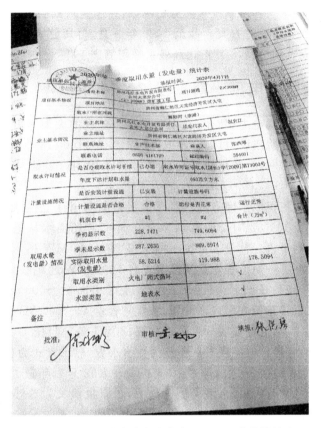

图 4-4-10 贵州华电大龙发电有限公司用水量统计表

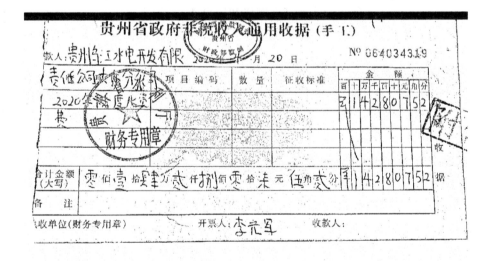

图 4-4-11 贵州华电大龙发电有限公司水资源费缴纳收据

进行一次全厂水平衡测试及各水系统水质分析测试,并建立测试档案。根据测试结果,确定节水目标,制定相应的节水改造方案。截至 2020 年 6 月,公司已完成水平衡测试的委托合同签订,预计 7 月完成设备检修,8 月正式开展水平衡测试工作,已向贵州省水利厅报备。

4.2.4　华润贺州电厂一期工程(2×1000 MW)

华润贺州电厂是由华润电力(贺州)有限公司出资建设的大型火力发电厂,工程规划总容量为 4000 MW,工程分期建设,目前已建成一期工程 2×1000 MW 级超超临界燃煤机组,机组发电全部送至广西电网,有效解决了广西电力缺口,优化了广西电源布局,同时电厂还参与了西电东送任务。

华润贺州电厂一期工程取水地点在贺江干流上游的富川江上拦江修建的龟石水库,取水口经纬度坐标为东经 111°32′31″、北纬 24°72′8″。本工程所需水从龟石水库抽取,取水泵房布置在龟石水库东侧岸边。补给水管按一期工程 2×1000 MW 机组容量设计,预留了远期补给水管道位置。电厂一期工程建设规模为 2 台 1000 MW 超超临界燃煤机组,1♯、2♯机组于 2012 年 8 月、11 月投产,机组设计年运行小时数 5000 h,设计年发电量为 100 亿 kW·h。取水泵房布置在厂区西北角,按规划容量 4×1000 MW 设计,土建部分一次建成,设备分期安装。一期工程安装 3 台补给水泵,2 用 1 备。当任 1 台水泵机组事故停运时,备用泵应立即启动运行。电厂以贺江干流为取水水源,取水方式为提水,项目 2020 年延续取水,办理了取水许可证(取水(国珠)字〔2020〕第 00002 号),年最大取水许可量为 2271 万 m³,取水用途为火力发电取水,水源类型为地表水,审批机关为珠江委,取水许可证有效期至 2025 年 2 月 2 日。

1. 计划用水管理制度与管理人员情况

华润贺州电厂有科学合理的节水管理网络和岗位责任制,成立了节能领导小组,制定组长负责节水工作、重视节水工作和支持节水管理部门的工作,并主持重大节水项目的开展等,每个月召开节能会议。

电厂用水、节水管理部门为发电部配备了专职用水、节水管理人员,具体岗位人员有节能与统计分析岗 1 人,化水专工 1 人,化环专工 1 人。同时电厂建立了健全的统计制度,并按实每月定期报送节水统计报表;每天记录用水数据,每月统计分析,有节能专工负责,并在节能月度会上通报,并编制生产设备性能诊断及性能分析报告。

2. 年度用水计划制定与申报情况

电厂根据下一年度的发电量计划、发电机组的维修计划制定下一年度的取水计划。每年 1 月前将电厂上年度取水总结和下年度取水计划正式成文,上报给广西区水利厅,水利厅于每年 1 月 31 日前下发当年取水计划批复文件,计划下达量均等于申请水量,且等于许可取水量。电厂 2015—2019 年实际取水量未超计划,即未超许可,近年来取水量随着发电量的增加逐渐增加,2019 年取水量为 2240.5 万 m³,接近许可水量。

3. 取水计量设施安装、运行情况

电厂已安装各级流量计量仪 6 台,其中一级表 2 台,二级表 3 台,三级表 1 台。2 台一级表安装在厂区总进水管处(絮凝沉淀池取水母管),用于取水总量的计量,见图 4-4-12;3 台二级表安装在化学水处理 PCF 过滤器进口处;1 台三级表安装在工业废水排水管处。在厂区总进水管安装的计量设施为 PROMAG 10W 电磁流量计,一级计量设施安装在 2 根水平总进水管,目前运转均基本正常。电厂一级计量设施未安装在取水头部处,而是安装在距离取水头部约4 km的厂内沉淀池前的2根补给水母管处,目前业主根据该处水表计量数据缴纳水资源费。

图 4-4-12　华润贺州电厂一期工程一级流量计

本项目取水除电厂自身用水外,还向厂区外的华润啤酒厂供水,该部分水量包括在电厂取水计量设施的计量水量数据中,华润啤酒厂安装了相应的计量设施对该部分外供水进行计量统计。根据2013年华润贺州电厂水平衡测试报告,本项目水表配备率较低。电厂内的一级计量水表安装基本完善,但各用水环节的二、三级水量计量器具(水表或流量计)配备并未完善,存在部分用水环节未安装水表的情况。

4. 用水台账建立及水资源费缴纳情况

电厂正常开展用水台账的建立,按月统计用水记录,每年分四次向广西富川县财政局缴纳水资源费,水资源费缴纳收据见图4-4-13。

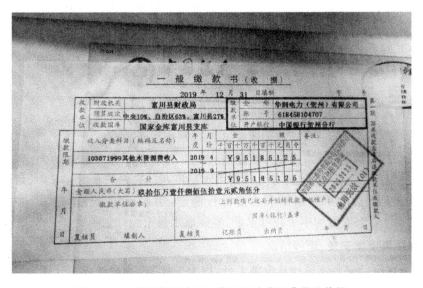

图 4-4-13　华润贺州电厂一期工程水资源费缴纳收据

5. 水平衡测试开展情况

华润贺州电厂一期工程,上次开展水平衡测试的时间是2013年5月,由广东电网公司电力科学研究院进行负责,于2013年1月16日至2013年2月28日对电厂的用水、排水、耗水情况进行了全面测试。本年度水平衡测试计划已提交,预计在 2020 年 12 月份完成。

4.2.5　番禺水务股份有限公司第一水厂

番禺水务股份有限公司始建于 1958 年,其前身为石桥供水厂,番禺区第一水厂和第二水厂均属于其下属公司。其中第一水厂位于沙湾镇涌口村,现供水规模 56 万 m³/d,与第二水厂(供水规模 20 万 m³/d)联网供应番禺区的市桥街、桥南街、东环街、沙头街、南村镇、新造镇、化龙镇、石楼镇、沙湾镇,以及南沙区的大岗镇、东涌镇共 11 个镇(街)。番禺第一水厂目前共设置有两个取水口,其中一期工程为一个取水口,二、三期工程共用一个取水口(位于一期取水口下游约 50 m 处),两取水口位置为东经 113°20′25″,北纬 22°53′43″。水厂一期工程的取水泵站与二、三期扩建工程的取水泵站并列布置,相距约 50 m,共布置 9 台水泵,1♯～4♯水泵设在 1 号泵房,5♯～9♯水泵设在 2 号泵房。9 台水泵联合运行满足日供水规模 56 万 m³/d。

水厂以沙湾水道为取水水源,取水方式为提水,项目 2020 年延续取水,办理了取水许可证(取水(国珠)字〔2020〕第 00004 号),年最大取水许可量为 21462 万 m³,取水用途为自来水生产,水源类型为地表水,审批机关为珠江委,取水许可证有效期至 2025 年 3 月 31 日。

1. 计划用水管理制度与管理人员情况

广州市番禺水务股份有限公司第一水厂作为供应番禺区生活饮用水的主要生产厂,是全区唯一采用强化常规水处理工艺、配备有预处理及应急投加处理系统、能有效处理水源水有机污染和突发污染的唯一自制水厂。当下属钟村水厂、石碁水厂、东乡水厂和第二水厂出现突发供水问题时,须由第一水厂实行并网转供。为保障全区供水安全,根据《计划用水管理办法》等相关法律法规,第一水厂积极加强计划取水和节约用水管理工作,主要配备了数据管理统计员档案员,设备管理维保员,主要负责水厂数据的统计与记录,以及设备的维修管理。

同时,水厂也积极开展了节水管理工作,一方面开展广泛的宣传和教育工作;另一方面建立节水管理机构,由节水管理机构制订相应的管理措施和制度,编制和审查年度节水计划。

2. 年度用水计划制定与申报情况

番禺第一水厂结合往年实际取水情况及来年产能需求,每年 12 月 31 日前向西江流域管理局提出下一年度用水计划建议。西江管理局 1 月根据水厂近年来的实际用水情况,核定下达的年计划用水总量,将年内各月计划用水量报西江管理局备案。其中,月计划用水量由水厂根据核定下达的年计划用水总量自行确定,用水计划一经下达,严格执行。水厂 2015—2019 年计划取水量均小于许可水量,实际取水量未超计划。

3. 取水计量设施安装、运行情况

番禺第一水厂已安装流量计量设施 4 台,均为一级表。4 台一级表分别为一车间原水计量水表、二车间原水计量水表、三车间一期工程原水计量水表、三车间二期工程原水计量水表,均安装在车间一级泵站后的管道处,计量水量的总和即为全厂从沙湾水道提取的取水总量,第三车间取水计量设施见图 4-4-14。但由于一、二车间泵站后的顺直水平管段长度不足,未能符合流量计安装要求,流量计安装在立管段处,效果不理想,计量数据偏差很大,因此,2019 年之前第一水厂第一、二车间取水量数据是出厂供水管段处的计量数据,2019 年之

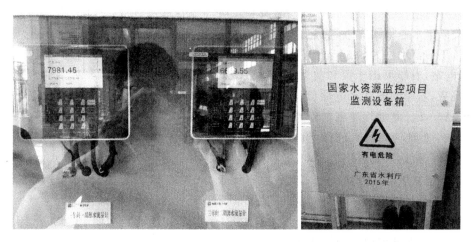

图4-4-14　广州市番禺水务股份有限公司第一水厂第三车间取水计量设施

后是根据第一、二车间出厂外供水计量数据乘5％水损系数的模式进行推算求得。

　　根据现场查看,广东省水利厅结合国家水资源监控能力建设在番禺水务股份有限公司的第三车间的2根进厂水管道上安装了在线监测设备,通过在水厂自身安装的计量水表上读取流量数据之后通过信号进行无线传输至水行政主管部门;由于水厂第一、二车间的计量设施因为安装条件的限制,广东省水利厅未对一、二车间取水进行在线监测。流量计专人专项管理,定期送资质部门进行检定,保证仪表运行稳定准确。

4. 用水台账建立及水资源费缴纳情况

　　水厂每月指派专人负责抄表,并建立统计台账,统计台账一式两份,一份内部存档,另一份交西江局归档。对台账进行汇总、分析,分析结果作为下一年度用水计划的申请依据。积极配合做好水资源费缴费工作,根据《取水许可和水资源费征收管理条例》(国务院令第460号)要求,广州市番禺水务股份有限公司第一水厂自1997年开始按期缴纳水资源费,水资源费缴纳收据见图4-4-15。

5. 水平衡测试开展情况

　　水厂未开展过水平衡测试相关工作。

图4-4-15　广州市番禺水务股份有限公司
第一水厂水资源费缴纳收据

4.2.6　海口市南渡江龙塘大坝枢纽

　　南渡江引水枢纽地处南渡江流域下游,是南渡江最后一个梯级。坝址位于海口市琼山区龙塘镇下游0.7 km处。龙塘坝是Ⅱ等大(2)型工程,于1970年兴建,1971年建成投入使用。原工程任务仅为农业灌溉,后于1995年在左岸建成抽水泵站,增加海口市城市供水任务,1998年左岸电站建成发电,2005年右岸电站建成发电;原工程建有船闸,但未投入使用,现状已废弃封堵;现状承担城市供水、灌溉和发电等综合利用任务(其中龙塘水源厂及取水泵站由海口市水务集团管理,在建左、右岸泵站属上游东山镇南渡江引水工程建设内容)。现状枢纽正常蓄水位为 8.35 m,电站装机规模 6125 kW。现状主要建筑物包括大坝枢纽,左、右岸电站,右岸灵山干渠和演丰干渠等。龙塘坝电站总装机 6125 kW,其中左岸电站装机 1125 kW,右岸南渡江水电站(以下简称"右岸电站")装机 5000 kW,电站实际年发电量2200 万 kW·h。龙塘坝灌溉工程为已建龙塘右岸灌区。龙塘右岸灌区是海口市最大的灌区之一,属中型灌区,设计灌溉面积 30 余万亩,灌区主要干渠有灵山干渠和演丰干渠。海口市龙塘水源厂泵站从龙塘坝上取水,通过儒俊水厂和米铺水厂向海口市区供水。

龙塘坝现状取水许可证是由海南省水务厅于 2013 年 12 月颁发(取水(琼)字〔2013〕第 00004 号),取水方式为提水、引水,许可取水量为 105524 万 m³,取水用途为生活、灌溉、发电,水源类型为地表水,审批机关为海南省水务厅,取水许可证到期期限为 2018 年 12 月 2日,目前项目正在开展取水延续评估工作。

1. 计划用水管理制度与管理人员情况

海口市南渡江龙塘大坝枢纽工程项目管理单位是海口市南渡江引水枢纽工程管理处,管理处位于琼山区云龙镇东江村,距海口市中心 20 km,管理处隶属海口市水务局,是财政差额公益一类正科级事业单位,单位主要职能为:城市供水、农业灌溉、防洪排涝、发电运行等。下设办公室(下设水源保护站)、技术工程部、计财部、发电生产部(下设东岸电站和西岸电站)、云龙水管所、灵山水管所、新旧沟排灌站,现有工作人员 94 人。其中水位观测管理人员有 5 人、闸控管理人员有 5 人、渠道管理人员有 10 人,并建立了水库巡查制度和防汛值班制度,详见图 4-4-16～图 4-4-17。

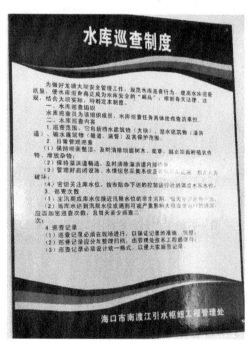

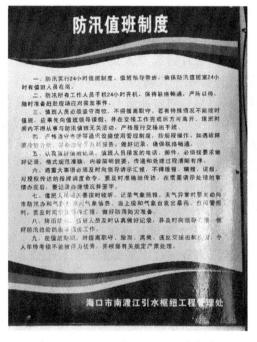

图 4-4-16 南渡江引水枢纽工程管理
处水库巡查制度

图 4-4-17 南渡江引水枢纽工程管理
处防汛值班制度

2. 年度用水计划制定与申报情况

南渡江引水枢纽工程管理处按规定开展取水计划水工作,每年向海南省水务厅提交年度取水总结及次年取水计划,主要根据下一年发电量和灌溉水量(亩计划用水量)制定年度用水计划。海南省水务厅均于每年初下发当年取水计划批复文件。

项目取水许可证已于2018年12月2日到期,但未及时办理取水延续评估材料。虽然2019至2020年均上报了取水计划建议表,并报送了2019年取水总结表,但根据《海南省计划用水管理办法》,许可证到期的用户不予下达计划,故海南省水务厅并未下达计划。据了解,项目正开展延续取水评估工作。另外,根据2019年计划建议表和取水总结表对比,项目存在月度和年度实际用水超计划的情况;2019年计划取水106215万 m^3、实际取水107780万 m^3,2020年计划取水112070万 m^3 均超出原取水许可证许可水量。

3. 取水计量设施安装、运行情况

海口市南渡江龙塘大坝枢纽取水主要为发电用水和灌溉用水,但取水口计量设施不完善。发电用水量通过发电量进行推算,未安装计量设施,灌溉取水口主要利用水尺通过水位流量关系推算灌溉取水量,取水口见图4-4-18。

图4-4-18　海口市南渡江龙塘大坝枢纽灌溉取水口

《海南省水网建设规划》《南渡江流域水生态文明建设与综合治理总体方案》《江东新区水安全保障规划》和《海南省水务发展与改革"十三五"规划》等多项规划均提出对海口市南渡江引水枢纽工程进行改造。为了实现龙塘坝灌溉、供水系统的科学调度和满足运行管理的需要,改造工程规划建设相应的水量分配与监测系统,并作为工程建设的组成部分纳入工程建设之中。根据工程总体布局、监测设施布设原则并考虑各用户用水特性,在龙塘坝左岸龙塘坝水源厂泵站取水口、龙塘左岸灌区、龙塘右岸城乡取水口、龙塘右岸灵山干渠取水口、云龙产业园分水口分别布设一套监测设备,并在龙塘坝工程管理所设置中心站1个,用于接收、分析和处理监测信息。

4. 用水台账建立及水资源费缴纳情况

海口市南渡江龙塘大坝枢纽正常开展用水台账的建立,按月统计用水记录,南渡江引水枢纽工程管理处严格按照《水法》《取水许可和水资源费征收管理条例》和《海南经济特区水条例》的要求,根据海南省物价局、省财政厅、省水务厅《关于调整水资源费征收标准的通知》的相关标准缴纳水资源费,由海南省水文水资源局根据发电量按月进行核定和征收,详见图4-4-19~图4-4-20。

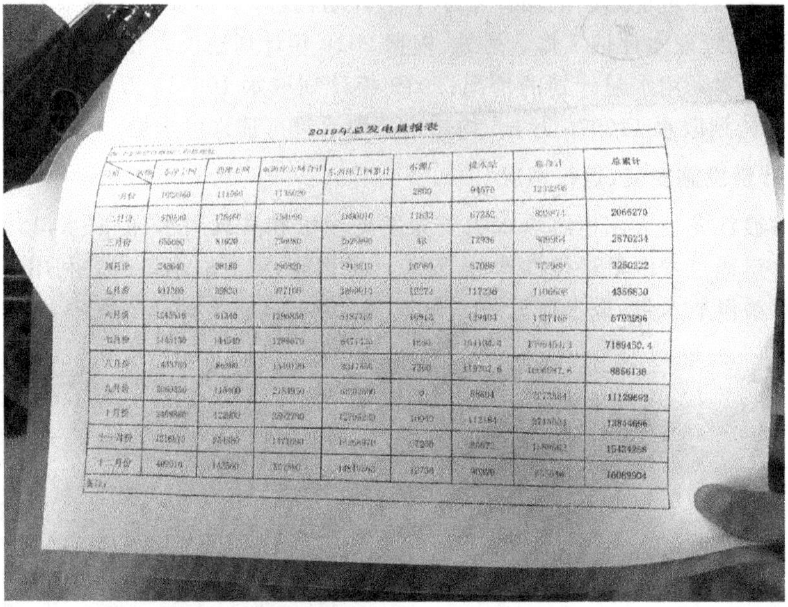

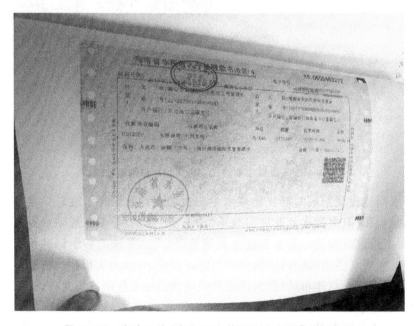

图 4-4-19 南渡江引水枢纽 2019 年发电量统计表

图 4-4-20 南渡江引水枢纽工程管理处水资源费缴纳凭证

5. 水平衡测试情况

项目未开展过水平衡测试工作。

4.3 存在的问题

1. 计划用水管理能力有待提高

部分取用水户对计划用水管理工作不够重视,或对计划用水工作的重要性知之甚少,制约了计划用水管理工作水平的进一步提升,同时负责计划用水相关工作人员偏少,且对计划用水相关管理工作不熟悉。昆明钢铁集团有限责任公司取水主要是用于本部钢材生产的补充水,随着本部去产能的调整取水量明显减少,但每年未能根据实际用水情况制定年度用水计划,申请水量为年度实际取水的2倍以上。贵州华电大龙发电有限公司在上报年度取水计划建议后,水行政主管部门下达了计划,但取用水户表示并未收到计划下达文件,无法明确年度取水计划,只根据取水计划建议约束年度取水。海口市南渡江龙塘大坝枢纽取水许可证于2018年到期,未及时开展延续评估工作,根据《海南省计划用水管理办法》,只对纳入取水许可管理的单位实行计划用水管理,故2019年、2020年并未下达计划,一定程度上影响了海南省水务厅计划用水管理工作,目前项目正在开展延续取水申请,但海口市南渡江引水枢纽工程管理处在许可证到期后仍继续上报取水总结和计划建议表,未了解水行政部门相关要求。

2. 取水计量系统不完善

(1)取水计量设施不完善。海口市南渡江龙塘大坝枢纽计量设施不完善,发电取水口未安装计量设施,灌溉取水口利用水尺推算取水量。华润贺州电厂计量一期工程二级、三级计量装置配备不全,未达到《用水单位水计量器具配备和管理通则》中的水计量器具配备要求,本项目一级计量设施并未安装在取水头部,易产生取水总量计量偏小的现象。番禺水务股份有限公司第一水厂二级、三级计量装置配备不全,未达到《用水单位水计量器具配备和管理通则》中的水计量器具配备要求,且本项目计量装置未进行校准,或存在精度不足的问题。

(2)用水计量监控设施建设体系不健全。取用水户虽然安装了计量设施,但计量不准确、计量不及时的情况时有发生。贵州华电大龙发电有限公司在同一母管上有两个计量设施,1个由贵州省水文水资源局安装(国家水资源监控能力建设),另1个由铜仁市水务局安装,但两者显示的数据差距较大,且流量计度数大于实际用水量,不利于电厂的取水统计及水资源费缴纳。

3. 计划用水执行机制存在缺陷

由于部分水行政主管部门在计划用水管理相关工作方面投入的人力、物力、财力有限,对取用水户的过程监督、管理、指导力度不足,对计划用水的执行缺乏完善的后期监管,致使部分水行政主管部门无法掌握取用水户实际用水情况。在调研过程中,部分水行政主管部门和取用水户均反馈未出现超计划取水的情况,但实际出现了月度和年度超计划的情况。如遵义钛业股份有限公司2019年实际取水量超出计划下达量;贵州省华电大龙发电有限公司2017年度取水超计划,2011—2019年均出现月度超计划的情况;海口市南渡江龙塘大坝枢纽2019年实际取水超出原许可水量,也超出了2019年的取水计划,但水行政主管部门并未对这些用水户执行超计划累进加价制度。

4. 取用水户未定期开展水平衡测试

重点取用水户在生产过程中,注重加强取用水管理与计划用水管理,掌握生产过程中取、用、耗、排水情况,并通过分析比较不断改进生产工艺,投入资金加强节水改造,提高用水效率,但在水平衡测试方面,取用水户工作较为薄弱。根据《广西节约用水管理办法》(2017年3月),月均用水量在5000立方米以上(含5000立方米)的,应当每3年进行一次水平衡测试;月均用水量在5000立方米以下的,应当每5年进行一次水平衡测试,据此华润贺州电厂一期工程应当每3年进行一次,本项目自2014年以来,仅在2020年开展过一次水平衡测试工作。根据《广东省节约用水办法》(2017年8月),月均用水量10万立方米以上的重点用水单位,应当每4年至少开展一次水平衡测试;月均用水量不满10万立方米的重点用水单位,应当每6年至少开展一次水平衡测试,据此番禺水务股份有限公司第一水厂应当每4年至少开展一次,但从发证至今未开展过相关工作。

5　典型取用水户年度取用水计划合理性分析

5.1　典型取用水户选取

5.1.1　典型取用水户选取理由

综合考虑取用水规模、取用水类型、管理要求等因素,在珠江委发证或流域五省(自治区)发证的取用水户中选择1个流域典型取用水户,分析取用水户申请的年度取用水计划的合理性,为下一年度的取水计划下达提供参考。

《珠江流域计划用水核定技术指南研究》(以下简称《指南》)2020年度工作主要选取16个火力发电取用水户作为研究对象,本次在《指南》研究工作的基础上,拟选取大唐贵州发耳发电有限公司(以下简称"贵州发耳电厂")作为典型取用水户,通过对其年度取水计划的合理性分析,指导流域其他火力发电项目计划用水管理核定下达工作。主要选取理由如下:贵州发耳电厂是国家重点监控取用水户,根据珠江委取水许可管理统计,6个珠江委发证的火力发电取用水户中,其许可水量排名第二,取水规模较大;16个取用水户中包括6个直流冷却火力发电取用水户,10个循环冷却取用水户,贵州发耳电厂在10个循环冷却取用水户中许可水量最大,电厂装机规模最大。

贵州发耳电厂位于贵州省六盘水市水城县,是国家实施"西电东送"战略、满足贵州电力省内外市场的需要,是贵州省"十一五"期西电东送后续电源,属于"西电东送"第二批项目之一,从发展的角度考虑,为水城县甚至是六盘水市发电起到了很大的作用,具有很好的代表性。

5.1.2　典型取用水户基本情况

贵州发耳发电厂属于典型坑口电厂,总装机容量为4×600 MW亚临界燃煤机组,是贵州省"西电东送"重点项目。发耳电厂项目成立于2005年8月24日,2008年更名为大唐贵州发耳发电有限公司,电厂1、2、3、4号机组分别于2008年6月、11月,2009年11月和2010年6月投入商业运行,2010年7月发耳电厂全部获得国家发改委的核准批复。

发耳电厂(4×600 MW)项目于2005年6月13日办理了取水许可预申请书,珠江委于2011年5月发放了项目初期运行的取水许可证(取水(国珠)字〔2011〕第L1号),有效期为2010年12月31日—2012年5月31日;2012年6月批准发耳电厂项目延续初期运行取水有效期为2012年6月1日—2012年12月31日;2013年批准发放取水许可证(取水(国珠)字〔2013〕第15号),有效期为2013年1月1日—2022年12月31日,项目电厂设计取原水1.46 m³/s,年最大取水总量为3154万 m³(设计年运行6000小时),取水水源为北盘江干流,取水地点位于水城县发耳乡邓家寨河段,取水口位于大渡口水文站下游约1.2 km的北盘江左岸,水源类型为地表水。

5.2 典型取用水户计划用水分析评估

根据调研与收集到的贵州发耳电厂计划用水实施情况与历年实际取用水量资料,通过纵向与横向对比分析法,分析取用水户取用水趋势、取水与总量控制指标的关系;采用相关关系法,分析取用水量与来水量、生产规模的关系;分析用水水平发展趋势以及单位产品用水量与用水定额的关系;分析实际用水量与申请用水量、计划下达量、许可取水量的合理性关系等。

5.2.1 取用水趋势分析

近年来,贵州发耳电厂用水需求呈先减后增并趋于平稳的趋势,主要原因是 2014—2016 年发电量降低以及实行优化运行措施,取水量有所减少;近几年发电量有所增加,故取水量也有所增加,从 2015 年的 2081.16 万 m³ 逐渐增加到 2019 年的 2296.66 万 m³,年均增加率为 2.49%。2015—2019 年贵州发耳电厂取水量统计见表 4-5-1,取水量变化图见图 4-5-1。

表 4-5-1　2015—2019 年贵州发耳电厂取水量统计　　　　　（单位:万 m³）

时　　间	2015 年	2016 年	2017 年	2018 年	2019 年
1 月	223.08	211.65	122.41	206.35	171.30
2 月	140.65	107.61	159.44	178.61	135.88
3 月	192.75	143.77	202.20	227.81	241.60
4 月	214.44	111.86	140.55	214.81	200.21
5 月	191.74	85.60	169.33	252.49	207.15
6 月	109.71	94.82	144.88	202.41	158.29
7 月	144.30	68.62	117.26	183.29	156.49
8 月	185.05	125.67	65.74	173.07	198.72
9 月	168.20	248.43	175.86	164.87	190.99
10 月	94.77	155.91	215.24	172.71	180.47
11 月	197.89	190.54	247.55	159.45	190.01
12 月	218.58	135.59	224.69	184.13	265.54
总　计	2081.16	1680.07	1985.14	2320.00	2296.66

5.2.2 取水量与总量控制指标关系分析

根据《六盘水市人民政府关于印发六盘水市水资源管理控制目标分解表的通知》(六盘水府办府〔2013〕27 号),以及六盘水市近年的水资源公报,水城县 2019 年用水总量控制指标为 2.11 亿 m³,其中贵州发耳电厂 2019 年取水总量为 0.23 亿 m³,占水城县 2019 年用水总量控制指标的 10.9%,未超过用水总量控制指标,且占比较小。

六盘水市为贯彻落实"节水优先、空间均衡、系统治理、两手发力"的治水思路,按照建设生态文明和资源节约型、环境友好型社会的要求,坚持公平性和总量控制原则,对各县(区)

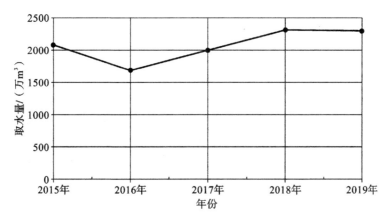

图 4-5-1 2015—2019 年贵州发耳电厂取水量变化图

的用水总量控制指标进行了合理分配。2020 年和 2030 年六盘水市用水总量控制指标分别为 11.56 亿 m³ 和 12.71 亿 m³，与 2015 年 10.06 亿 m³ 相比有所增加。水城县 2016—2020 年用水总量控制指标分别为 1.92 亿 m³、1.98 亿 m³、2.05 亿 m³、2.11 亿 m³、2.17 亿 m³，与 2015 年 1.86 亿 m³ 相比平均逐年增加 0.06 亿 m³。根据 2015—2019 年发耳电厂取水总量趋势分析，电厂取水总量先略降后增并趋于稳定，取水总量占水城县区用水总量控制指标及水城县用水总量的 8.75%～21.41%，2016 年占比最小，预测发耳电厂 2030 年取水总量最大为 0.3154 亿 m³，总取水量不会超出水城县水量控制指标，占 2030 年水城县用水总量控制指标（2.34 亿 m³）比重变化也较小。发耳电厂实际取水量较为合理，即便考虑本项目用水量，水城县、六盘水市总用水量仍在控制指标之内（见表 4-5-2）。

表 4-5-2 贵州发耳电厂年取水量与水城县用水总量控制指标比较

年 份	2015 年	2016 年	2017 年	2018 年	2019 年	2020 年
贵州发耳电厂年取水量/(亿 m³)	0.21	0.17	0.20	0.23	0.22	0.25
水城县用水总量控制指标/(亿 m³)	1.86	1.92	1.98	2.05	2.11	2.17
占控制指标比例/(%)	11.19	8.75	10.03	11.32	10.46	11.34
水城县年用水/(亿 m³)	1.29	1.17	1.09	1.08		
占水城县用水量比例/(%)	16.12	14.39	18.22	21.41		

5.2.3 取用水量与来水量、生产规模的关系分析

贵州发耳电厂取水水源为北盘江大渡口河邓家寨段，取水口位于大渡口水文站下游约 1.2 km 的北盘江左岸。北盘江为珠江流域西江上游左岸最大支流，发源于云南省曲靖市马雄山西北坡，由西向东流经宣威至万家口子纳入拖长江。北盘江上段称革香河，万家口子以下为滇黔界河，主尖坡纳入可渡河，至水城都格入六盘水市水城县境内，水城县境内河长约 66 km，县内流域面积 2540.4 km²。根据《发耳电厂（4×600 MW）新建工程水资源论证报告书》，大渡口水文站实测最大年来水量发生于 1965 年，为 210.4 m³/s，相应年径流量 66.35 亿 m³；最小年来水量发生于 1989 年，为 53.8 m³/s，相应年径流量 17.0 亿 m³，相对于发耳电厂的许可水量 3154 万 m³，来水量十分丰富。电厂取水方式为拦河低坝，不具备蓄水调节

能力,在97%的保证率情况下,取水口处来水量为65.7 m³/s,电厂年平均取用水量为1.460 m³/s,占其年来水流量的2.2%;取水口最小来水量为15 m³/s,发耳电厂取水量占取水口最小来水量9.7%,所以正常情况下发耳电厂取水量占取水口来水量的比例小,取水量完全能满足要求。

发耳电厂取用水量逐年呈上下波动趋势,但变化幅度相对较小,主要原因是水城县严格控制水资源量使用,同时电厂自运行以来采取一系列的节水措施,提高水的利用效益,增强员工节水意识,这与近年来国家大力提倡计划用水管理、水资源管理考核、节水型社会建设等方针相符。电厂取水量与生产规模息息相关,近年来取水量变化趋势与发电量变化趋势完全一致,单位发电取水量保持在稳定的趋势,符合电厂的用水规律。

5.2.4 用水水平变化分析

发耳电厂取水管网布局合理、维修检测及时,取水计量设施运行情况全年正常运行,1年至少检定1次,对取水流量监控设备每周巡检1次;节水设施、废污水处理设施、外排水设施也全年正常运行。电厂对各类不同水质的供排水主要系统均安装了水量监测和控制装置,系统中配备了必要的流量计和水位控制阀等计量控制设施,对于加强监督和管理,避免浪费起到了一定的作用;同时每年根据现场实际情况,编制优化运行措施,确保各水池不发生溢流情况,现场"跑、冒、滴、漏"得到及时处理,加大考核力度,避免长流水的情况发生,保障了正常生产取水统计。电厂机组冷却形式为循环冷却,本次用水水平主要分析单位发电量取水量,作为取水计划合理性分析的依据。

2015—2019年贵州发耳电厂取用水量呈先减后增趋势(见表4-5-3),电厂通过采取技改措施与节水措施,水的重复利用率、间接冷却水循环率和废水回用率有所提高。根据表4-5-3的数据,电厂单位产品取水量保持稳定状态,符合《取水定额第一部分:火力发电》(GB/T18916.1—2012)循环冷却单位发电量取水定额指标2.400 m³/(MW·h),以及《贵州省行业用水定额》(DB52/T 725.3—2018)2.50 m³/(MW·h)的规定,并且接近贵州省定额标准先进值2.0 m³/(MW·h),工程用水水平较高。

表4-5-3 2015—2019年贵州发耳电厂取用水情况

年 份	发电量/(万 kW·h)	取水量/(万 m³)	单位发电量取水量/(m³/(MW·h))
2015 年	1036510.94	2081.16	2.01
2016 年	842884.13	1680.07	1.99
2017 年	989663.00	1985.14	2.01
2018 年	1160278.00	2320.00	2.00
2019 年	1148907.00	2296.66	2.00

5.2.5 实际取水量与申请、计划取水量关系合理性分析

发耳电厂每年根据年度发电需求制定取水计划,通过年度取水计划建议表对下一年度的取水量提出申请。贵州省水利厅根据《取水许可和水资源费征收管理条例》《取水许可管理办法》《贵州省取水许可和水资源费征收管理条例》等法律法规,并结合往年实际取用水量

情况、发电生产规模等指标,对取水计划进行核定,并下达年度取水计划通知。2015—2020年,计划取水量均等于申请取水量,除 2018 年实际取水未超计划外,各年取水均未超许可。

　　贵州发耳电厂申请取水量与实际取水量对比见表 4-5-4,2015—2019 年申请取水量与实际取水量均存在一定差值,但差距不大,电厂实际年利用小时数均未达到设计年利用小时数,电厂实际发电量小于设计发电量;另外电厂逐步实行系统改造,优化设备运行方式。2017—2019 年实际取水量与申请量非常接近,其中 2017—2019 年均出现部分月份实际取水量超出计划量的情况,主要是电厂内部调度影响,发电量超出计划量,使得取水量与计划存在一定的出入,此现象是符合实际的。

　　2015—2019 年贵州发耳电厂申请与实际取用水量变化见图 4-5-2,可知电厂近几年的实际取水量与申请、计划取水量关系逐渐趋于合理。

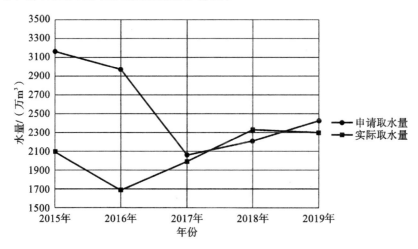

图 4-5-2　2015—2019 年贵州发耳电厂申请与实际取用水量变化图

5.3　典型取用水户 2020 年度取水计划合理性分析

　　根据贵州发耳电厂 2017—2019 年取水、发电情况,电厂近三年用水、产量变化不大,单位发电用水量小于定额标准,用水水平较高,结合《火力发电行业取水计划核定细则研究》工作,采用"前三年平均效率值法"预测分析取水计划,即利用前三年平均单位发电用水量乘以前三年平均发电量,计算得 2020 年取水计划为 2200.84 万 m³(见表 4-5-5)。

　　贵州发耳电厂 2020 年申请取水量 2460 万 m³,贵州省水利厅计划下达量 2460 万 m³,2020 年 1—10 月取水总量 1614.09 万 m³,与前 10 月申请取水量相差 345.91 万 m³,电厂2020 年取水情况分析见表 4-5-7,单位产品用水量保持为 2.0 m³/(MW·h)。

　　电厂 2017—2019 年 11、12 两个月平均用水量为 423.79 万 m³,若以此作为 2020 年 11、12 月的取水量,则 2020 年全年取水量预计为 2037.88 万 m³;若以 2020 年申请量的 11、12月作为计算依据,则全年取水量预计为 2114.09 万 m³,两种方法计算的 2020 年实际水量均与前三年平均效率值法预测的水量更接近,故认为 2020 年度计划下达量略大,可适当核减。

　　综上分析,贵州发耳电厂用水水平稳定,前三年平均效率值法可作为预测下一度计划取水量的方法,为电厂下一年度取水计划的制定提供依据。

表 4-5-4 贵州发耳电厂申请取水量与实际取水量对比

（单位：万m³）

时间 月份	2015年			2016年			2017年			2018年			2019年			2020年
	申请量	实际量	差额	申请量	实际量	差额	申请量	实际量	差额	申请量	实际量	差额	申请量	实际量	差额	申请量
1	230	223.08	6.92	230	211.65	18.35	200	122.41	77.59	170	206.35	-36.35	180	171.30	8.70	180
2	230	140.65	89.35	230	107.61	122.40	110	159.44	-49.44	130	178.61	-48.61	160	135.88	24.12	170
3	230	192.75	37.25	240	143.77	96.23	200	202.20	-2.20	200	227.81	-27.81	220	241.60	-21.60	220
4	308	214.44	93.56	240	111.86	128.14	190	140.55	49.45	190	214.81	-24.81	220	200.21	19.79	210
5	308	191.74	116.26	230	85.60	144.40	190	169.33	20.67	200	252.49	-52.49	240	207.15	32.85	200
6	231	109.71	121.29	230	94.82	135.18	130	144.88	-14.88	190	202.41	-12.41	160	158.29	1.71	170
7	231	144.30	86.70	240	68.62	171.38	120	117.26	2.74	150	183.29	-33.29	140	156.49	-16.49	160
8	231	185.05	45.95	250	125.67	124.33	140	65.74	74.26	120	173.07	-53.07	160	198.72	-38.72	180
9	231	168.20	62.80	270	248.43	21.57	160	175.86	-15.86	130	164.87	-34.87	200	190.99	9.01	220
10	308	94.77	213.23	270	155.91	114.09	180	215.24	-35.24	190	172.71	17.29	240	180.47	59.53	250
11	308	197.89	110.11	270	190.54	79.46	220	247.55	-27.55	260	159.45	100.55	250	190.01	59.99	250
12	308	218.58	89.42	270	135.59	134.41	220	224.69	-4.69	270	184.13	85.87	250	265.54	-15.54	250
总计	3154	2081.16	1072.84	2970	1680.07	1289.93	2060	1985.14	74.86	2200	2320.00	-120.00	2420	2296.66	123.34	2460

注："申请量"为电厂计划取水量，"实际量"为取水口实际取水量。"差额"为"申请量"减去"实际量"的值。

表 4-5-5　贵州发耳电厂 2020 年取水计划预测

年　　份	年发电量/(万 kW·h)	单位产品用水/(m³/MW·h)	计划取水量/(万 m³)
2017 年	989663.00	2.01	
2018 年	1160278.00	2.00	
2019 年	1148907.00	2.00	
平均值	1099616.00	2.00	2200.84

表 4-5-6　贵州发耳电厂 2020 年取水情况分析

月　　份	申请量/(万 m³)	实际量/(万 m³)	申请-实际/(万 m³)	年发电量/(万 kW·h)	单位产品取水量/(m³/(MW·h))
1	180	143.32	36.68	71656.00	2.00
2	170	119.49	50.51	59738.00	2.00
3	220	185.90	34.10	92991.00	2.00
4	210	215.88	−5.88	107939.00	2.00
5	200	266.96	−66.96	133592.00	2.00
6	170	126.22	43.78	63267.00	2.00
7	160	79.27	80.73	39631.00	2.00
8	180	207.07	−27.07	103455.00	2.00
9	220	137.03	82.97	68506.00	2.00
10	250	132.94	117.06	66481.00	2.00
11	250				
12	250				
总计	2460	1614.09	845.91		

6 结论及建议

6.1 结论

1. 计划用水日常监督检查情况

珠江流域涉及的各级(包括珠江委以及省市县三级)水行政主管部门共计发放取水许可证约 2.57 万件。截至 2020 年初珠江委直接发证的 95 个项目(不含国际河流)中,珠江委直管 30 个,委托地方管理 65 个。珠江委每年通过取水许可监督检查、重点监控用水单位监督检查、水资源管理和节约用水检查等对地方计划用水管理工作进行监督与指导。按照《计划用水管理办法》规定,珠江流域内各级水行政主管部门结合区域用水管理的实际,陆续开展了本辖区内计划用水管理工作,采取多种形式执行计划用水管理,但仍然存在年度取水计划未下达或下达不及时、计划用水管理范围覆盖不全、计划用水核定下达工作不完善等问题。

2. 重点取用水户计划用水管理

重点取用水户均制定了一系列的配套管理制度,并积极配置专业管理人员,逐步提高用水精细化管理水平;通过生产试运行、同行业比较、参考历年资料等方式合理制定取用水计划,认真执行水行政主管部门下达的用水计划;按要求安装计量设施,并及时检查、维护,能够较好地实现取用水的有效计量、水资源费缴纳等;记录用水情况并建立用水台账,按时上报月度、季度、年度取用水报表;部分取用水户开展了水平衡测试等工作,加强节水改造,提高用水效率。重点取用水户的计划用水管理虽然取得较大成效,但仍然存在计划用水管理能力有待提高、取水计量系统不完善、计划用水执行机制存在缺陷、未定期开展水平衡测试等问题。

3. 典型取用水户年度取用水计划合理性分析

贵州发耳电厂取用水量先减后增并趋于稳定,与发电量变化趋势一致,用水效率不断提升。水城县供水水量水质能够满足水城县各企业取用水要求,且电厂总取水量未超出水城县水量控制指标。单位产品取水量处于平稳状态,符合《取水定额第一部分:火力发电》(GB/T 18916.1—2012)单位发电量取水定额指标和《贵州省行业用水定额》的规定,工程节水水平及用水水平较高。电厂每年根据发电需求制定电厂的取水计划,按照最严格水资源管理制度及申请取用水量进行过程管理,上级水行政主管部门对电厂年度取水计划进行核定,并下达年度取水计划通知,计划取水量等于申请取水量,根据电厂近五年实际运行情况,实际取水量与申请、计划取水量关系逐渐趋于合理。根据电厂 2020 年 1—10 月的用水实际,认为前三年平均效率值法预测的计划取水量更合理,已下达的 2020 年计划水量略大。

6.2　建议

6.2.1　对管理部门的建议

1.完善计划用水执行机制

（1）严格取水许可管理。在水资源论证、取水许可工作中,要求建设单位和编制单位严格明确用水过程,合理制定取用水方案,明确许可取水量,防止后期出现许可取水总量偏小的状况。

（2）进一步规范计划用水工作。水行政主管部门应对应该纳入计划用水管理的取用水户及时纳入,及时开展公共管网计划用水管理,并按规定下达年度取水计划并进行后期监督。同时,也需针对各种可能出现的特殊情况提出可行的保障措施和可参照的相关制度条款,完善水量考核制度,确保对取用水户管理具有指导作用,进一步促进计划用水的精细化管理。对月度用水超计划的情况,调整手续较为繁琐,建议上级主管部门简化取水许可证登记表取水量年内分配调整申请手续,考虑月度实际用水量超过计划用水量是否需要考核及申请调整,真正减轻取用水户负担。

（3）建立统一协调的用水计量统计制度。为强化用水计划限额管理,有效发挥对用水户刚性约束作用,以定额管控用水过程,落实超定额累进加价制度,加强对单位产品用水量的统计,应建立与用水定额统计口径一致,与计划用水管理等其他各项制度相配套的统计和管理制度。

2.加强计划用水监督管理工作

（1）明晰监管职责权限。一是明确水资源与节水管理部门的职责边界,统筹实施各级监管,省级水行政主管部门应按时将委托管理项目用水计划管理情况和本年度用水计划核定备案情况报送珠江委。二是针对部分省、市（区）原水利部门的取水许可审批职责划转至行政审批部门（如南宁市行政审批局）,项目许可审批与后续计划用水管理分属不同部门,应进一步理顺审批与监管的衔接机制,明确任务分工、责任权属,确保计划用水管理工作有效开展。

（2）加强用水过程监督指导。从流域机构和各级水行政主管部门的管理权限出发,拟定各自管辖范围内重点取用水户名录;加强日常监督检查与技术指导;与年度最严格水资源管理考核和取水许可管理延续管理等相关工作结合,综合评估重点取用水户的用水计量情况、实际取用水情况与节水水平等,为加强取用水户计划用水制度实施提出针对性的意见,切实帮助取用水户落实计划用水制度,提高用水水平。

（3）完善计划用水核定方案。在取水许可延续申请时,要求取用水户提交近期水平衡测试报告或用水水平分析报告,以便结合最新用水定额和行业用水水平,科学核定取用水户取用水量。各级管理机关要根据各自管理权限,制定用水单位核减计划用水量的原则。对于年计划取水量变化较大的,要求取用水户提供计划取水量逐年变化的主要原因,补充分析论证申请报告,分析评估各取用水户"计划取水量"的合理性;对于实际取水量远小于许可取水量的取用水户,应要求在取水延续评估工作中进一步核算取水许可量,避免申请取水量与实际取水量差异太大。建议出台相关规定明确计划用水的核定标准及原则,并加强技术指导,为计划用水的核定工作提供技术支撑,增强"计划取水量"的合理性。

(4)完善计划用水监督管理制度。部分取用水户未能及时上报取用水计划,给水行政主管部门的计划核定下达工作造成了较大的困难。对取用水户要开展法律宣传,保证按时、按质上报用水情况,对于不能按照要求申请下一年度取用水量的取用水户,进行通报批评。在用水计量、水平衡测试等方面进一步制定具有可操作性和约束力的法规制度,在用水过程监督管理方面制定监督检查、督查等配套制度。

(5)建立联合监管机制。目前部分地区的公共管网用水户的用水计划由住建等部门下达,水行政主管部门的管理相对较弱,对于用水户的用水情况难以掌握。今后应加强与公共管网用水户的住建部门的联合监管,确保计划用水监管的全覆盖性。

3. 完善计量监控体系

各有关水行政主管部门要在督促各取用水户安装、完善取水计量系统的基础上,进一步结合全国水资源监控能力建设等工作,不断加大经费投入,推进取用水户加强取用水计量监控设施建设,完善取水、用水计量监测手段,提高水资源管理信息化水平,充分发挥水资源监控平台的作用,改进和提高计划用水的评价水平,全面提高计划用水的监控、预警和管理能力,不断提高计量监控率。

水行政主管部门加强取水许可验收,在验收前要求申请人报送取水计量设施的计量认证情况,材料不全的不予验收。必要时集中对有关取水用户开展管理培训,指导取水单位合理安装取水计量设施,同时督促相关企业开展计量设施检定与核准工作。

4. 加强计划用水管理信息化建设

(1)完善流域信息管理平台。目前计划用水信息化管理工作较为滞后,水资源监控管理信息平台关于取水许可证信息更新不及时,查询的取水许可证信息年份较远,且部分省(自治区)的取水许可证相关信息也与相关省级水行政主管部门网站查得的信息差异较大,不利于信息的管理与查询。应进一步完善更新珠江流域水资源监控管理信息平台数据,确保多个平台数据的一致性,并且具备数据可导出的功能。

(2)引进计划用水管理软件。进一步加大科研开发力度,运用现代信息手段加强计划用水管理,引进计划用水管理软件,实现计划用水管理的网络化、信息化、智能化。取用水户用水计划的编制、下达、调整、考核,超计划用水加价收费的自动产生,对取用水户基本信息和水量信息的综合管理,以及信息的发布、查询、统计及打印功能均通过信息系统进行管理,包括用水单位节水编码、单位名称、用水水源、水用途、单位基建情况和经营生产情况,还包括主要用水设施性能参数、使用情况和位置照片、奖惩和其他信息记录。该项功能作为管理辅助,包括获得的荣誉、处罚记录、超计划加价记录和告知单、调整用水申请及审批结果告知单和用水数据上报记录等。实现数据采集的自动化,信息处理的智能化,信息管理的精准化,管理流程的规范化,资源共享的最大化,有效提升计划用水的管理水平。建议取用水户按月将取用水量统计报表与水行政主管部门取用水监测中心的监控数据进行核对,做到数据准确传输,同步监控。

5. 加强节水宣传

为推进水资源全面节约和循环利用,促进各级计划用水管理规范化,开展创建节约型企业、绿色取用水户,全面提升水资源利用效率,形成节水型生产生活方式,各部门应积极贯彻习近平总书记"十六字"治水思路和在黄河流域生态保护和高质量发展座谈会上的重要讲话精神,落实水利改革发展总基调,响应国家节水行动的要求,按照十九大报告推动绿色发展的理念,加快建立绿色生产和消费的法律制度和政策导向,建立健全绿色低碳循环发展的经济产业体系。加强国情水情教育,将节水纳入国民素质教育活动,向全民普及节水知识,开展世界水日、中国水周、全国城市节水宣传周等形式多样的主题宣传活动,倡导简约适度的生产模式,提高全民节水意识。

6.2.2　对取用水户的建议

1. 增强节约用水和计划用水管理意识

增强取用水户节水的紧迫感和水忧患意识,明确自身节水义务,提高珍惜水资源、保护水资源、节约水资源的意识。各纳入计划用水管理的取用水户要充分认识到计划用水的重要性,自觉强化计划用水管理意识,争做计划用水的带头人与先锋模范,严格制定并执行计划用水管理制度,完善节水法规体系,合理确定用水定额指标,自觉不断提升用水水平,提高水资源重复利用率,节约淡水资源。严格按照经批准的年度取水计划取水,确有取水增加需求的,及时向水行政主管部门申请调整计划。遵守执行水费累进加价制度、节水激励机制,接受监督检查,保障各计划用水户科学、合理用水,达到节约用水的目的,形成科学合理的供水节水机制。

2. 加强计量统计工作

取用水户按照国家标准安装取用水计量设施,满足《用水单位水计量器具配备和管理通则》中的水计量器具配备要求,对重要用水系统加装计量设施;定期对计量设施进行准确性和可靠性的鉴定,定期维护计量设施,对取用水的计量检测方式及时进行完善;及时修复有损坏的计量装置,对计量装置定期进行校准;对于生活用水和工业用水,应该分开计量,方便各类用水量的统计。

按技术档案要求对电厂取水计量数据进行管理维护,对各计量装置定期进行抄读,做好月度、季度水平衡分析及统计报表工作,以便及时发现并解决用水异常,并且及时维修漏水管网,进一步加强取用水计量设施数据的管理,增加检查维护的频次,建立和规范取水台账,并按规定报送用水统计报表,作为缴纳水资源费的依据。

3. 加强水平衡测试与节水改造工作

水平衡测试工作是评价取用水户当前各生产运行环节用水水平的重要依据,也为企业开展节水改造提供基础支撑。各取用水户要密切配合有关行政部门采取必要的措施,按照国家标准《节水型企业评价导则》及各省(自治区)水平衡测试相关要求,严格明确开展企业水平衡测试工作的频率,并将测试结果及时上报水行政主管部门。

开展中水回用工作,促进可持续发展,坚持"开源与节流并重,节流优先,治污为本,科学开源,综合利用"的原则,逐步实施污水资源化;推进技术创新与机制创新,促进中水回用的产业化发展。进一步采取相应措施,加大节水改造,减少耗水量,持续加强道维护,减少"跑、冒、滴、漏"现象,持续践行节约用水,提高水资源利用效率。

4. 提升人员素质

为落实全面节水的水资源管理工作目标,作为重中之重的计划用水工作将会有更高的要求,计划用水覆盖范围将不断扩大。计划用水管理工作要指派专人负责,并明确主管领导,人员变更要及时上报上级主管部门,变更前做好交接工作;要加强技术培训和专业人才的培养,计划用水涉及水平衡测试等技术较强的业务知识,应通过举办培训班,选派管理人员参加专业培训,以提高管理人员的业务水平和管理能力。同时要积极组织计划用水管理人员深入学习相关法律法规,以学习促进制度的落实;注重业务技能培养,成立学习小组,开展专门培训,向其他单位学习取经,提高财务人员的业务能力和水平;抓好职业道德教育,加强政治理论学习,提升管理人员的自律意识和责任心,从各方面逐步完善。